U0166142

内孤立波中浮式生产储卸油系统水动力特性

张瑞瑞 ◎ 著

上海交通大学 出版社
SHANGHAI JIAO TONG UNIVERSITY PRESS

内容提要

本书重点分析内孤立波对浮式生产储卸油系统(FPSO)的作用问题。全书共分为 6 章,第 1 章介绍内孤立波及其对海洋结构物作用的研究进展,第 2 章详细说明 FPSO 内孤立波载荷特性实验方法及结果,第 3 章阐述基于系列实验结果构建的 FPSO 内孤立波载荷理论预报模型,第 4 章分析载荷理论预报模型在实际工程中的适用性,第 5 章运用理论预报模型分析某内孤立波作用下 FPSO 的运动行为,第 6 章是总结和展望。

本书可作为高等院校船舶与海洋工程、流体力学等学科研究生的参考书目,也可供有关技术人员参考。

图书在版编目(CIP)数据

内孤立波中浮式生产储卸油系统水动力特性/张瑞瑞著.—上海:上海交通大学出版社,2024.1
ISBN 978 - 7 - 313 - 29516 - 3

Ⅰ.①内…　Ⅱ.①张…　Ⅲ.①浮式开采平台-储油设备-水动力性质　Ⅳ.①TE951

中国国家版本馆 CIP 数据核字(2023)第 185919 号

内孤立波中浮式生产储卸油系统水动力特性

NEIGULIBO ZHONG FUSHI SHENGCHAN CHUXIE YOU XITONG SHUIDONGLI TEXING

著　　者:张瑞瑞
出版发行:上海交通大学出版社　　　　　地　　址:上海市番禺路 951 号
邮政编码:200030　　　　　　　　　　　电　　话:021 - 64071208
印　　制:上海万卷印刷股份有限公司　　经　　销:全国新华书店
开　　本:710mm×1000mm　1/16　　　印　　张:9
字　　数:158 千字
版　　次:2024 年 1 月第 1 版　　　　　　印　　次:2024 年 1 月第 1 次印刷
书　　号:ISBN 978 - 7 - 313 - 29516 - 3
定　　价:55.00 元

导　言

我国南海油气资源储量丰富,已成为海洋油气开发的主要区域。但南海海底地形复杂、海水密度垂向层化稳定,使得内波频繁产生,这些内波具有振幅大、持续时间长等特点。浮式生产储卸油系统(floating production storage and offloading, FPSO)作为油气勘探和开采中主流的大型海洋工程技术装备之一,受到内孤立波作用时可能会发生显著的漂移或系缆断裂等事故。因此,内孤立波对FPSO的作业和安全带来严重危害,但有关内孤立波对其作用危害性机理的研究尚不深入,还缺少可供工程实际直接应用的有效评估方法。

本研究充分调研及分析了内孤立波与海洋结构物相互作用的问题,将理论、实验和观测数值相结合,利用内波水槽,开展 0°~360° 浪向角作用下 FPSO 浮体受到的内孤立波载荷模型实验研究,研究内孤立波载荷特性,以及内孤立波入射角、幅值和上下层流体深度比对内孤立波载荷的影响规律。结合 Froude–Krylov 公式和黏性力公式,构建 0°~360° 浪向角作用下 FPSO 内孤立波载荷理论预报模型。采用计算流体力学(computational fluid dynamics, CFD)方法,对不同尺度比模型下,内孤立波与 FPSO 水动力特性进行分析,并分析内孤立波载荷尺度效应的产生原因,厘清载荷预报方法在工程实际中的适用条件。利用 FPSO 载荷预报方法对浮体运动方程进行求解,建立内孤立波和 FPSO 非线性耦合动力模型,定量评估某实测内孤立波作用下 FPSO 载荷、浮体运动以及系泊缆张力随时间的变化。

实验研究发现,随着内孤立波振幅的增大,内孤立波作用的水平力最大幅值近乎线性增加;上下层流体深度比减小,水平力最大幅值会有所增大;当内孤立波作用角度变化时,FPSO 横浪(浪向角为 90°)时水平力最大幅值达到最大;各种情况下水平力最小幅值变化均很小。内孤立波作用的横向力在 FPSO 斜浪(浪向角为 45°和 135°)时,其最大幅值与水平力基本相当,其他工况均很小。内孤立波作用的垂向力则始终为正值,其最大幅值随浪向角变化基本保持不变。

依据载荷成因,内孤立波载荷的构成分为摩擦力、波浪力和黏压阻力,以系列实验结果为依据,利用回归方法确定水平力、横向力中的摩擦力系数和修正系数计算式,以及 FPSO 横浪时的黏性力系数计算式。经预报模型计算的不同内孤立波振幅、上下层流体深度比和浪向角情况的载荷预报结果与系列实验吻合良好。计算模型尺度变化对内孤立波载荷影响较小,验证了基于系列实验回归的摩擦力系数和修正系数,以及黏性力系数的载荷预报模型对实尺度结构物内孤立波载荷预报的适用性。

某实测内孤立波作用下 FPSO 迎浪时的运动特性研究表明,内孤立波来流时 FPSO 会产生显著的纵荡、小幅度的垂荡和极其微小的纵摇运动,系泊缆顶端拉力也会急剧变化。随上层流体深度增大,内孤立波作用的动态水平力和力矩减小,垂向力先增大后减小;随内孤立波振幅增大则动态载荷增大;随系泊缆顶端初始水平张力增大,水平力和力矩略微减小,垂向力保持不变。FPSO 运动特性的变化规律与动态载荷保持一致。迎流和背流方向系泊缆顶端张力则随上层流体深度增大而减小;随内孤立波振幅增大而增大;随系泊缆顶端初始水平张力增大,迎流方向系泊缆顶端张力减小,背流方向缆绳张力则增大。

目 录

第 1 章

绪　论

1.1　研究背景及目的

陆地资源逐渐枯竭,因而能源开采逐渐从陆地转向海洋。我国南海油气资源丰富,是世界四大海洋油气聚集地之一[1-2]。据已探明的数据,我国南海蕴藏石油量为 6.4 亿吨,天然气储量为 9 800 亿立方米[3]。

油气开发逐渐由浅水向深水延展,应用于深海油气开发的新型关键性大型海洋工程高新技术装备[4]不断涌现,主要包括浮式生产储卸油装置(FPSO)、单柱式(Spar)平台、半潜式(semi-submersible)平台及张力腿平台(tension leg platform,TLP)[5-8]。这些深海浮式平台建造完成后,通常用系泊系统长期固定在工作海域。

蕴藏丰富油气的南海海底条件极其复杂多变,海水密度层化显著,海洋内波频发[9-12]。研究表明,内波在传播过程中,受陡峭海脊等复杂地形条件影响,会演化分裂出振幅大的内孤立波[13-14],其主要分布在吕宋海峡、东沙群岛等区域[12]。已有的观测数据显示,南海内孤立波振幅最大可达 170 m,诱导流场的水平速度最大可达 3 m/s 以上。

目前,南海内孤立波的危害已有相关报道,比如发生在流花油田的事故中,缆绳被拉断,船体发生碰撞等;陆丰油田事故中,钻井船与锚定油轮连接无法完成[15];还有钻井机锚定油罐短时间内旋转 110°等[16]。此外,2013 年南海某钻井平台钻井作业期间,经过的内波使平台漂移了 49 m,严重影响其作业窗口期[17]。

石油公司相关工作人员表示,FPSO 因内孤立波作用会产生几十米的水平漂移,并且用于运输原油的穿梭油轮的系缆张力也会增加几十吨重,而一旦内孤立波一天经过 3 次,穿梭油轮就要停止作业。

因此,浮式平台由于长期系泊在工作海域,在灾难来临时无法安全避航。内孤立波是南海海洋环境中一类特别的灾害性海洋环境,其经过会对浮式平台带来极大的威胁。尤其是船舶外形且单点系泊的 FPSO,受内孤立波作用更易发生浮体大幅度漂移、旋转及剧烈振动,严重影响 FPSO 正常作业和安全。因而开展内孤立波对 FPSO 作用的关键问题研究,厘清其对 FPSO 可能产生的危害及其作用机理,可为我国浮式平台自主化设计提供技术支持。

1.2　深海浮式平台简介

图 1-1 所示的 FPSO 包含生产功能、处理功能、储存功能和输送功能。FPSO 主要由大型油轮改造而成,外形多为船型,且多采用单点系泊的方式定位[18]。我国自主研发的第一艘 FPSO 是重达 52 000 t 的"渤海友谊"号,于 1989 年 7 月完工并投入海上油田生产工作。目前我国技术最先进的 FPSO 是 30 万吨的"海洋石油 117"号,是迄今为止吨位最大的 FPSO。目前我国拥有的 FPSO 数量与总吨数均居世界前列。

图 1-1　FPSO 照片[1]

如图 1-2 所示,单柱式平台的主要功能为开采,最早于 1987 年提出。第一代单柱式平台于 1996 年建成并在墨西哥湾投产使用,作业水深为 588 m,其下部为一竖直的圆柱体。第二代桁架式平台(truss Spar)采用以开放型的桁架结

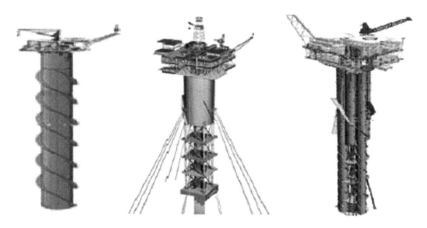

图 1 - 2　单柱式平台照片[1]

构替代了下部圆柱体的设计[19]，作业水深达到 900 m。第三代多柱式平台（cell Spar）[20-21]采用多个柱体组成平台主体。

　　图 1 - 3 所示的半潜式平台（semi-submersible）包含生产功能、钻探功能和处理功能，具有结构简单、建造成本低、转移安装方便的优点。世界首座半潜式平台于 20 世纪 60 年代建成并在墨西哥湾投入使用，现已发展到第六代[22-24]，其作业水深达到了 3 000 m，钻探深度超过了 12 000 m。

图 1 - 3　某半潜式平台[1]

图 1-4 所示的张力腿平台(tension leg platform，TLP)具有钻探、生产和处理功能，其主要依靠绷紧的张力腿提供巨大的预张力来平衡主体的拉力，很好地限制了平台的垂荡、横摇和纵摇运动[25-26]。其作业水深一般为 200～1 500 m[07]。

图 1-4　张力腿平台[1]

1.3　内孤立波分布及描述

1.3.1　内孤立波分布特征

海洋密度沿垂向层化，各层间密度相差很小，形成一个微重力场。水质点遇到扰动后，在约化重力和柯氏力作用下会产生剧烈的波动，这种波动因发生在海洋密度分层处而称为内波。

内波因受到海底地形等的影响演化分裂出振幅更大、周期更短、非线性更强的内孤立波。众多学者对内孤立波的形成机制[28-46]展开分析研究，并在世界范围内对其开展了海上测量和遥感观测。Osborne 等[28]在安达曼海域观测到流速高达 1.8 m/s 的内孤立波，Apel 等[29]在苏禄海观测到振幅为 90 m、波长为 16 km、周期超过 1 h 的内孤立波，Pinkel 等[30]在赤道东太平洋暖池观测到振幅为 60 m、流速为 0.8 m/s 的下凹型内孤立波。

随着我国南海资源开发的不断深入，很多学者发现南海陆架陆坡、盆地海沟同时存在，诱发的内孤立波极其频繁，通过进一步对比发现，南海北部是内孤立波活动最频繁的区域。Fett 等[47]、Ebbesmeyer 等[16]、Liu 等[13]、Zhao 等[14] 都认为南海北部内孤立波多来自吕宋海峡，是受地形影响发生海水混合所致。Ramp 等[48] 认为台湾岛海域内孤立波也发源于吕宋海峡，且传播过程中振幅从 29 m 发展到 142 m。

还有许多学者对南海发生的内孤立波参数进行现场观测[48-53]，获得许多宝贵的数据。比如实验 3 号考察船[11,54] 观测发现，南海北部内孤立波有叠加信号出现，一种是单峰、流速超过 0.1 m/s 的内孤立波信号，另一种是多峰、持续时间较长的周期性内波信号。同时实验 3 号考察船在东沙群岛也测到流速约为 2.1 m/s、周期约为 18 min 的内孤立波。再比如亚洲海洋声学实验[55] 在东沙群岛观测到振幅 80 m、流速为 2.2 m/s 的内孤立波，并且经长期观察发现，该海域中内孤立波振幅最大可达 170 m，流速可达 2.4 m/s。

大量观测分析结果从多方面证实了南海海域中内孤立波频发，并且这种情况在吕宋海峡、东沙群岛及海南岛以东区域普遍存在[56]。

1.3.2　内孤立波描述方法

内孤立波传播过程中波形保持不变，Keulegan[57] 和 Long[58] 最早开始研究其演化理论。随后国外的学者们又进行了广泛的研究，Benney[59] 和 Benjamin[60] 推导了浅水内孤立波方程。Joseph[61] 和 Kubota 等[62] 又提出了有限深内孤立波理论及内孤立波的一阶解。Kubota[62] 推导了长内波发展方程。Kataoka 等[63] 又推出了二维流动长内波完全非线性方程。Grimshaw[64] 研究了深水二阶内孤立波理论。Choi 等[65] 推导了二维弱非线性水波一般发展方程。Yile 等[66] 推导了三维非线性浅水内孤立波理论模型。Miloh 等[67] 通过叠加线性孤立子方法获得了 ILW 方程周期解。Pego 等[68] 则推导出了二维 KP 方程。

国内的学者们也纷纷投身其中，程友良等[69-71] 研究两层流体二维非线性界面波的传播演化方程，并推导出波形和波速的三阶修正和波长的二阶修正。周清甫等[72] 从内孤立波发展方程出发，研究去二阶、三阶理论并给出了波速解析解。范忠瑶等[73] 对欧拉(Euler)方程、Long 方程进行渐近展开，在求解内孤立波一阶方程的基础上建立了二阶修正方程。

目前常用的内孤立波理论有 KdV、eKdV、mKdV、MCC 四种。围绕理论的适用性中，学者们进行了大量的实验研究。Stamp 等[74] 针对深水情况进行了内孤立波传播的实验研究。Davis 等[75] 通过实验和理论证实了内孤立波传播过程中保持波形不变的特性。Walker[76-77] 的实验研究、Segur 等[78] 的实验对比、

Kao[79]的内孤立波系列实验等都证实,振幅很小的内孤立波更适合用 KdV 来描述,且流体黏性会使振幅衰减、实测波速偏小和波形变窄。

Koop 等[80]的浅水和深水情况分析、Michallet 等[81]以水和汽油开展的内孤立波系列实验都发现,振幅略大的内孤立波必须用加入了二阶项的 eKdV 理论来描述。Helfrich 等[82]则研究了深度缓变流体中内孤立波的传播和演化,分析了波的破碎与其极性的联系。

Choi 等[83]、Miyata 等[84]提出了一种完全非线性 MCC 理论来描述强非线性内孤立波,Camassa 等[85]的研究进一步证实了该模型对强非线性和弱色散内孤立波是适用的。

目前还有很多国内外学者致力于内孤立波传播与演化过程中参数及特性的研究[86-90]。黄文昊等[91]就针对 KdV、eKdV、MCC 内孤立波理论的适用范围,在内波水槽中开展系列实验,得到结论:内孤立波为弱非线性和弱色散($\varepsilon \leqslant \mu$ 且 $\mu < \mu_0$)可选择 KdV 理论计算波形 ζ,中等非线性和弱色散($\mu < \varepsilon \leqslant \sqrt{\mu}$ 且 $\mu < \mu_0$)可选择 eKdV 理论来计算,强非线性或强色散($\varepsilon > \sqrt{\mu}$ 或 $\mu \geqslant \mu_0$)可选择 MCC 理论来计算。

1.4 内孤立波对结构物水动力特性

1.4.1 内孤立波载荷

学者们围绕内孤立波与圆柱形结构物相互作用开展了许多研究,多采用内孤立波理论与莫里森(Morison)理论相结合的计算方法,莫里森公式中有关惯性力和拖曳力的系数通常通过实验给出。

一些学者利用 KdV 内孤立波理论计算内孤立波诱导流场,利用莫里森公式分析作用载荷。比如 Cai 等[92-93]针对直立圆柱体,Cheng 等[94]针对直立贯底圆柱体,王荣耀等[95]针对深海立管,研究了目标结构受到的内孤立波载荷。Cai等[96-97]还进一步考察背景剪切流和季节性的影响,发现背景剪切流的存在会使内孤立波载荷更大,季节性造成的分层流体密度差异增大也会使载荷更大。

其他一些学者则将 eKdV 内孤立波理论与莫里森理论进行组合,分析内孤立波作用载荷。殷文明等[98]分析了小尺度杆件,张莉等[99]分析了深海立管,研究目标结构与内孤立波的作用。Xie 等[100-101]则将 MCC 与莫里森方程结合,计算了小尺度圆柱上的内孤立波载荷,并且基于连续分层模型分析了内波、内潮对圆柱的作用,发现内孤立波的作用更强。

黄文昊等[102-104]结合 KdV、eKdV、MCC 内孤立波理论针对圆柱形结构平台,用莫里森理论分析了内孤立波载荷,基于系列实验回归有关力计算的系数计算式,建立了各型圆柱形平台(单柱式、半潜式和张力腿)载荷预报方法。

然而,莫里森公式对绝对尺度较大的 FPSO 并不适用,因而分析 FPSO 受到的载荷构成、建立载荷预报模型仍有待研究。且不同浪向角作用下的内孤立波载荷如何计算也还需进一步研究。

鉴于系列实验的内波水槽仅能分析模型尺度结构物载荷,此时 CFD 模拟就是一种可靠的对模型实验进行补充研究的方法。Koop 等[105-106]建立了不同数量的网格,分析 180°、150°和 90°浪向角下半潜式平台的阻力和升力,与缩尺比为 1∶200 模型的风洞试验结果和缩尺比为 1∶50 模型的水池试验结果进行比较,多维度验证数值模拟方法的正确性。而后对多流向作用下半潜式平台的流载荷进行数值模拟,发现实尺度结构物载荷比模型尺度会小 20% 左右。

在内孤立波载荷数值模拟方面,王旭等[107-109]基于 Navier - Stokes 方程,开展了数值水槽造波对比、圆柱形结构物(单柱式、半潜式、张力腿)载荷对比,获得了内孤立波诱导的流场特征,探明了内孤立波载荷的构成。王旭等[110-112]又进一步对载荷受模型尺度的影响开展研究,发现内孤立波水平力受黏性影响大,尺度效应较显著,垂向力则受尺度影响不大。

模型尺度的影响确实存在,且实尺度结构物的载荷实测数据极度缺乏,因此,浮式结构物内孤立波载荷预报方法在实尺度下的适用性尚待研究。

1.4.2　结构物动力响应特性

系泊系统是抑制浮式结构物运动的关键部件,目前其常用的求解模型有悬链线法和集中质量法。悬链线法的平衡方程仅考虑张力与重力,且忽略系泊缆的拉伸变形,得到其解析解[113-114]。Pangalila 等[115]、Chai 等[116]、余龙等[117-118]采用该方法对系泊缆的静态构型及浮体在波浪中的运动进行了分析。

学者们也普遍采用悬链线法分析内孤立波中结构物的动力响应特性。比如宋志军等[119]针对单柱式平台、尤云祥等[120-121]针对半潜式和张力腿平台,利用 KdV 等理论计算流场、莫里森方程求解载荷、龙格-库塔法求解运动方程,获得内孤立波中结构物的水动力特性。黄文昊等[122-123]、许忠海等[124]则结合 KdV、eKdV、MCC 的适用范围,利用悬链线法,分析了内孤立波中圆柱形结构物(单柱式、半潜式)和迎浪情况下 FPSO 的动力响应特性。

较之悬链线法,集中质量法更适用于多成分缆大变形情况下的结构物动力响应特性的分析。Walton 等[125-126]提出的集中质量法通过将系泊缆进行单元划分,把每段缆单元等效为左右两个端节点和一段无质量的弹簧,再为每个端节点建立动力平衡方程,并考虑缆单元的运动加速度和流体作用力[127-128]。Nakamura 等[129]、Huang 等[130]、唐友刚等[131-132]利用集中质量法分析波浪力作用下的系泊缆形状、张力的变化以及激励变化时系缆张力变化特性。王建华等[133]针对浮式码头、Hall 等[134]针对浮式风机,利用集中质量法分析了目标结构在波浪中的运动。马孟达等[135]用非线性梁方法,通过数值分析得到,内孤立波对张力腿平台的动力作用。

海洋平台应用越来越广泛,风浪流中平台动力响应分析软件也渐趋成熟,但这些软件对内孤立波中浮式平台动力响应的分析尚无法进行,其原因是载荷预报方法的不完善。因此,本研究的关键在于构建可直接应用于工程实际的 FPSO 内孤立波载荷预报方法,进而分析和定量评估 FPSO 动力响应特性。

1.5 主要工作及创新点

1.5.1 主要工作

采用理论、实验和数值相结合的方式,研究内孤立波对 FPSO 的水动力特性问题。首先,以系列实验结果为依据,建立在 $0°\sim360°$ 浪向角下深海 FPSO 受到的内孤立波载荷预报方法。其次,采用数值方法,对尺度比 $\lambda=1:1$、$20:1$ 和 $300:1$ 的 FPSO 受到的内孤立波载荷特性进行数值模拟,确定深海 FPSO 内孤立波载荷预报方法受模型尺度的影响,验证其适用性。最后定量评估某实测内孤立波中 FPSO 运动及动力响应特性。

(1) 利用大尺度重力式密度分层水槽,基于 KdV、eKdV 和 MCC 三类内孤立波理论模型,开展 $0°\sim360°$ 浪向角下 FPSO 受到的内孤立波载荷模型实验研究,验证 KdV 等理论的适用范围,掌握内孤立波载荷特性,分析内孤立波浪向角、内孤立波幅值和分层比对内孤立波载荷的影响规律。

(2) 以深海 FPSO 为对象,考虑内孤立波理论的适用性,结合 Froude-Krylov 公式和黏性力公式,建立 $0°\sim360°$ 浪向角作用下 FPSO 内孤立波载荷预报模型。同时以系列实验结果为依据,用回归方法确定内孤立波水平力、横向力计算模型中的摩擦力系数和修正系数的计算方法,以及内孤立波横浪作用时黏性力系数的计算方法。研究振幅、上下层流体深度比和浪向角等参数对 FPSO 总载荷及其各成分的影响规律。

(3) 结合 KdV、eKdV、MCC 内孤立波理论的适用范围,采用层深度平均速度作为入口速度,以 VOF 法捕捉流体界面,搭建内孤立波中 FPSO 作用载荷模拟的数值水槽。开展内孤立波中不同尺度比 FPSO 模型的水动力特性数值模拟,分析内孤立波总载荷及其构成成分受尺度比的影响规律及原因,验证基于摩擦力系数、黏性力系数、修正系数回归计算式构建的 FPSO 载荷预报方法在真实海洋实尺度结构物中的适用性。

(4) 将 FPSO 载荷预报方法代入浮体运动方程,利用集中质量法和四阶龙格-库塔法,建立 FPSO 的动力响应模型。数值求解某南海实测内孤立波中 FPSO 的动态载荷、载荷作用产生的运动,以及引起的系泊缆的张力变化。并进一步分析上层流体深度、内孤立波振幅,以及系泊缆顶端初始水平张力等对内孤立波动态载荷、运动响应及系泊缆张力的影响。

1.5.2 创新点

(1) 与圆柱形结构平台相比,FPSO 浸水湿表面面积较大,受内孤立波作用形成的载荷更大,且浪向角发生改变时,FPSO 背流一侧流场变化复杂,本书提出了一种利用可旋转试验模型来实现内孤立波在不同浪向角作用下的 FPSO 载荷的模型实验方法。

(2) 提出摩擦力系数、修正系数、黏性力系数(90°浪向角)的计算方法,结合 Froude - Krylov 公式,建立一种可直接应用于工程实际载荷计算的 0°~360°浪向角作用下 FPSO 内孤立波载荷预报模型,通过尺度效应分析掌握预报模型对实尺度 FPSO 载荷计算的适用性。

(3) 定量评估了南海某实测内孤立波作用的 FPSO 动力响应,掌握了上层流体深度改变、振幅变化对内孤立波作用载荷与运动及动力响应的影响规律。

第 2 章

FPSO 内孤立波载荷特性实验

深海浮式海洋结构物长期系泊于固定作业海域,会受到诸多海洋环境条件的复杂作用,且无法做到及时规避危险,因而在海洋结构物设计和应用过程中,需要对结构物受到海洋环境的作用载荷特性进行合理分析。

对于内孤立波环境中单柱式、TLP、半潜式等圆柱形深海浮式结构物的载荷特性及预报已多有研究,常用方法是将各内孤立波理论与莫里森公式相结合,进行载荷计算分析。而对船体型的 FPSO,因其结构形式上与圆柱形深海浮式结构物存在较大差异,莫里森公式不再适用,研究内孤立波环境中 FPSO 载荷的形成原因及作用机制成为亟待解决的问题。此外,FPSO 多采用单点系泊,受外力作用易产生本体结构旋转,对内孤立波不同浪向角作用下 FPSO 载荷的研究也就非常必要。

鉴于此,本章基于 KdV、eKdV 和 MCC 内孤立波理论及其适用条件,在大型重力式密度分层水槽中,开展内孤立波在 $0°\sim360°$ 范围内不同浪向角作用下的 FPSO 载荷模型实验,分析载荷特性并讨论浪向角、振幅、上下层流体深度比的影响。

2.1 内孤立波理论模型

真实海洋分层模拟时一般以最大浮频率位置为界,可将连续分层简化为两层流体,再假设真实海洋为不可压缩、无旋的理想流体,将上层流体深度和密度记为 h_1 和 ρ_1,下层流体的深度和密度记为 h_2 和 ρ_2,则总水深记为 $h=h_1+h_2$。如图 2-1 所示,建立直角坐标系 $Oxyz$,以静止情况下、未扰动两层流体的分界

面为 Oxy 坐标平面,其中 Ox 轴沿内孤立波传播方向,Oz 轴垂直向上。FPSO
中纵剖面与 Ox 轴夹角记为内孤立波浪向角 α,FPSO 首端迎浪时的浪向角定义
为 $\alpha = 0°$。

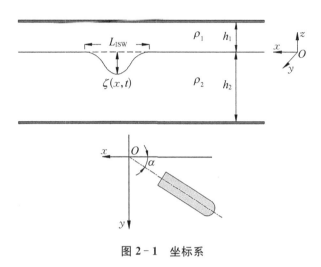

图 2-1　坐标系

将内孤立波振幅和特征波长分别记为 a 和 L_{ISW},为描述内孤立波传播特性,
定义非线性参数 $\varepsilon = |a|/h$,色散参数 $\mu = (h/L_{ISW})^2$。

当内孤立波是弱非线性、弱色散且两者平衡时,即 $\varepsilon = O(\mu) \ll 1$,内孤立波
界面位移 ζ 可用 KdV 模型描述[136]:

$$\zeta_t + c_0 \zeta_X + c_1 \zeta \zeta_X + c_2 \zeta_{XXX} = 0$$

$$c_0^2 = \frac{gh_1 h_2 (\rho_2 - \rho_1)}{\rho_1 h_2 + \rho_2 h_1}$$

$$c_1 = -\frac{3c_0}{2} \frac{\rho_1 h_2^2 - \rho_2 h_1^2}{\rho_1 h_1 h_2^2 + \rho_2 h_1^2 h_2} \qquad (2-1)$$

$$c_2 = \frac{c_0}{6} \frac{\rho_1 h_1^2 h_2 + \rho_2 h_1 h_2^2}{\rho_1 h_2 + \rho_2 h_1}$$

式中,c 为内孤立波相速度;g 为重力加速度。式(2-1)有以下定态内孤立波解,
称为 KdV 理论解:

$$\zeta = a \operatorname{sech}^2 [L_{KdV}(x - c_{KdV}t)] \qquad (2-2)$$

式中,内孤立波波长 $L_{KdV} = \sqrt{ac_1/12c_2}$;内孤立波相速度 $c_{KdV} = c_0 + ac_1/3$。

KdV 理论应用的前提为非线性效应和色散效应相平衡,但对于大振幅内孤

立波,要达到两者平衡很难,故而 KdV 理论通常不适用于大振幅内孤立波的描述。

针对 KdV 理论的缺点,学者们在 KdV 方程中加入立方非线性项 $O(\varepsilon^2)$,得到了 eKdV 模型[136]:

$$\zeta_t + (c_0 + c_1\zeta + c_2\zeta^2)\zeta_X + c_3\zeta_{XXX} = 0$$

$$c_3 = \frac{3c_0}{h_1^2 h_2^2}\left[\frac{7}{8}\left(\frac{\rho_1 h_2^2 - \rho_2 h_1^2}{\rho_1 h_2 + \rho_2 h_1}\right)^2 - \frac{\rho_1 h_2^3 + \rho_2 h_1^3}{\rho_1 h_2 + \rho_2 h_1}\right] \tag{2-3}$$

eKdV 方程的定态内孤立波解为

$$\zeta = \frac{a}{B + (1-B)\cosh^2[L_{eKdV}(x - c_{eKdV}t)]} \tag{2-4}$$

式中,内孤立波相速度 $c_{eKdV} = c_0 + \frac{a}{3}\left(c_1 + \frac{1}{2}c_3 a\right)$;内孤立波特征波长 $L_{eKdV}^2 = \frac{a(2c_1 + c_3 a)}{24c_2}$;系数 $B = \frac{-ac_3}{2c_1 + ac_3}$。

eKdV 理论同样要求内孤立波满足弱非线性、弱色散,故而也仅适用于较小振幅的内孤立波。

Miyata[84]、Choi 等[83]建立了内孤立波模型,称为 MCC 理论模型,适用于强非线性、弱色散的内孤立波,其定态解为

$$(\zeta_X)^2 = \left[\frac{3g(\rho_2 - \rho_1)}{c_{MCC}^2(\rho_1 h_1^2 - \rho_2 h_2^2)}\right]\frac{\zeta^2(\zeta - a_-)(\zeta - a_+)}{\zeta - a_*} \tag{2-5}$$

式中,参数 $a_* = -\frac{h_1 h_2(\rho_1 h_1 + \rho_2 h_2)}{\rho_1 h_1^2 - \rho_2 h_2^2}$,内孤立波相速度可表示为 $\frac{c_{MCC}^2}{c_0^2} = \frac{(h_1 - a)(h_2 + a)}{h_1 h_2 - (c_0^2/g)a}$,$a_-$ 和 $a_+(a_- < a_+)$ 为式(2-6)的两个根。

$$\zeta^2 + q_1\zeta + q_2 = 0 \tag{2-6}$$

式中,$q_1 = -\frac{c_{MCC}^2}{g} - h_1 + h_2$,$q_2 = h_1 h_2(c_{MCC}^2/c_0^2 - 1)$。

在 $h_1/h_2 \neq (h_1/h_2)_c$ 时,KdV 理论不存在极限振幅,其总能给出对应的内孤立波解,Camassa 等[85]指出该特点正是 KdV 理论不能适用于强非线性内孤立波的原因之一。而 eKdV、MCC 理论均存在极限振幅,分别为[81,85]

$$a_{\max}^{\text{eKdV}} = \frac{4h_1 h_2 (h_1 - h_2)}{h_1^2 + h_2^2 + 6h_1 h_2}, \quad a_{\max}^{\text{MCC}} = \frac{h_1 \sqrt{\rho_2/\rho_1} - h_2}{\sqrt{\rho_2/\rho_1} + 1} \qquad (2-7)$$

根据系列实验结果[91]分析得知,非线性参数和色散参数决定了内孤立波理论的适用范围,满足 $\mu < \mu_0$ 且 $\varepsilon \leqslant \mu$ 的内孤立波适用于 KdV 理论,满足 $\mu < \mu_0$ 且 $\mu < \varepsilon \leqslant \sqrt{\mu}$ 的内孤立波适用于 eKdV 理论,而满足 $\varepsilon > \sqrt{\mu}$ 或 $\mu \geqslant \mu_0$ 的内孤立波适用于 MCC 理论($\mu_0 = 0.1$ 为临界色散参数)。

2.2　内孤立波载荷实验方法

内孤立波不同浪向角作用下的 FPSO 模型载荷系列实验在长为 30 m、宽为 0.6 m、高为 1.2 m 的内波水槽中进行,系列实验的总水深 $h = 1.0$ m。 实验流体分层方法是先将密度 $\rho_1 = 998$ kg/m³ 的淡水加注到水槽中,加注深度为上层流体深度 h_1,然后从槽底的蘑菇形入水口缓慢加注提前配制好的密度 $\rho_2 = 1025$ kg/m³ 的盐水,盐水深度等于下层流体深度 h_2,至达到流体总水深 h 时停止加注。最终淡水被慢慢托起,形成深度为 h_1 的上层流体,盐水部分形成深度为 h_2 的下层流体,此时测量水槽中分层流体的密度及浮频率的垂向分布特征,如图 2-2 所示。浮频率由 $N(z) = \sqrt{-(g/\rho_1)(\partial\rho/\partial z)}$ 计算获得,ρ 为垂向密度分布。

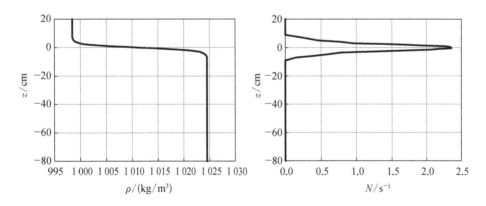

图 2-2　分层流体密度、浮频率垂向变化

内孤立波载荷系列实验模型以某内转塔式 FPSO 为原型,按 1∶400 的缩尺比制作,原型和模型尺度对比如表 2-1 所示。

表 2-1 FPSO 原型及模型尺度

参　　　数	原　　　型	实验模型
垂线间长 L_{pp}/m	210.2	0.526
型宽 B/m	42.974	0.107
型深 D/m	22.515	0.056
吃水 d/m	14.025	0.035
排水量 Δ/t	118 490.1	0.001 851
重心纵向位置 x_G/m	2.203	0.006
重心垂向位置 z_G/m	12.647	0.032

　　载荷系列实验装置如图 2-3 所示。双推板造波机安装于图中右侧,两块推板用伺服电机带动,伺服电机通过造波程序控制。两块推板的宽度与水槽相等,推板高度与流体层深度相等。造波时两块推板反向运动,在两层流体分界面处产生下凹型内孤立波。在上推板运动行程范围内盖一块有机玻璃板,抑制上层流体自由水表面的波动。水槽另一端安装两块楔形消波板进行消波,减少内孤立波的反射。

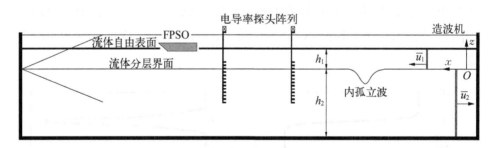

图 2-3 FPSO 内孤立波载荷实验示意图

　　内孤立波波形时历变化规律采用电导率探头阵列测量。两组电导率探头阵列布置于造波机与试验模型之间,每组阵列各由 13 个电导率探头组成,每两个探头之间间距为 3 cm,两组阵列相隔 $\Delta x = 3$ m。电导率探头通过测量分析内孤立波经过时产生的流体密度扰动信号,获得内孤立波波形。内孤立波相速度可通过测量内孤立波波谷经过两组电导率探头阵列的时间间隔 Δt 确定($c = \Delta x/\Delta t$)。

　　FPSO 实验模型内孤立波载荷通过三分量测力天平进行测量。模型安装如图 2-4 所示,利用三层方形有机玻璃板和四个螺杆进行固定,三分量测力天平固定于最上层的有机玻璃板 1 上,可测量内孤立波作用时 FPSO 受到的沿水槽长度方向（纵向）、宽度方向（横向）和高度方向（垂向）的受力。最下层的有机玻璃板 3 与实验模型固接，通过四根连接螺杆与中间层有机玻璃板 2 连接。通过调整下两层有机玻璃板 2、3 及实验模型与最上一层有机玻璃板 1 的相对位置，可实现内孤立波以不同浪向角作用于 FPSO，开展内孤立波载荷系列实验研究。

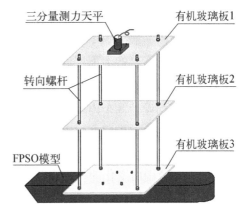

图 2 - 4　实验模型安装

　　系列实验开始前，需对三分量测力天平进行标定，获得载荷与电信号之间的关系。标定方法是沿三分量测力天平的水平纵向、横向和垂向分别进行加载和卸载操作，记录每次载荷改变后的电信号反馈值，通过回归方式得到三分量测力天平的载荷与电信号的对应关系，即完成天平标定。

　　系列实验进行时需固接三分量测力天平和实验模型，采用铁砂等重物对模型进行配重，使模型恰好浮于设计吃水线，满足浮态要求。每次实验开始之时先将天平电信号置零，而后再进行信号采集，最后根据天平标定的关系将电信号换算，得到 FPSO 模型的内孤立波水平力、横向力和垂向力。图 2 - 5 所示为实验中拍摄的 FPSO 实验模型。

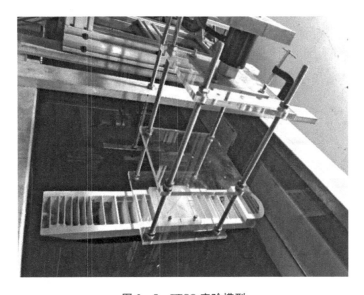

图 2 - 5　FPSO 实验模型

用于实验的内转塔式 FPSO 原型设计吃水为 14.025 m,而真实分层海洋的上层流体水深一般为 30~90 m,因而 FPSO 始终位于分层海洋的上层流体中。模型载荷系列实验的上下层流体深度比选取三种,分别为 $h_1/h_2=20/80$、15/85 和 10/90,均满足 $h_1/h_2 < \sqrt{\rho_1/\rho_2}$,生成的内孤立波均为下凹型内孤立波,每个分层比情况均设计 8 个内孤立波振幅工况。

针对内孤立波作用下浪向角的影响,由于船体型 FPSO 沿中纵剖面对称,因此在分析 0°~360°浪向角作用下 FPSO 受到的内孤立波载荷时,仅考虑浪向角在 0°~180°范围内变化即可。载荷系列实验中,设计 5 个浪向角情况,分别是 0°(迎浪)、45°(首斜浪)、90°(横浪)、135°(尾斜浪)和 180°(顺浪),研究浪向角、分层比、内孤立波振幅变化时 FPSO 受到的内孤立波载荷特性。

2.3 内孤立波特性参数对比

将内孤立波特征频率定义为 $\omega = c/L_{\text{ISW}}$,其中 c 为内孤立波相速度,L_{ISW} 为内孤立波特征波长(取 5% 振幅处的内孤立波波形长度)。图 2-6 中展示了不同分层比(h_1/h_2)情况下内孤立波特征频率(ω)的模型系列实验测量值与内孤立波理论解随内孤立波振幅($|a|/h$)的变化规律。图 2-7 中则展示了各分层比、某典型内孤立波振幅情况下测量的内孤立波波形时历,以及与内孤立波理论波形的对比。

由图 2-6 可见,对于无因次振幅在 0.02~0.05 的小振幅内孤立波来说,KdV 理论所得结果与实验测量结果相符,这与 Michallet 等[81]给出的结论一致,即 KdV 理论适用于振幅在 $0.01 \leqslant |a|/h \leqslant 0.05$ 范围的内孤立波。对于

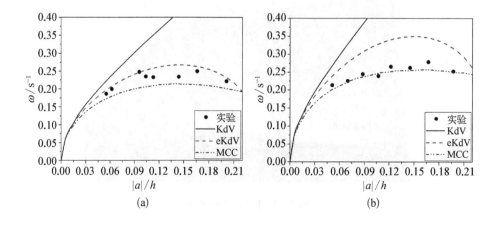

(a)   (b)

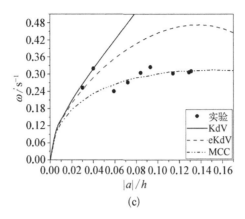

(c)

图 2 - 6　特征频率随实验振幅的变化

(a) $h_1/h_2 = 20/80$；(b) $h_1/h_2 = 15/85$；(c) $h_1/h_2 = 10/90$

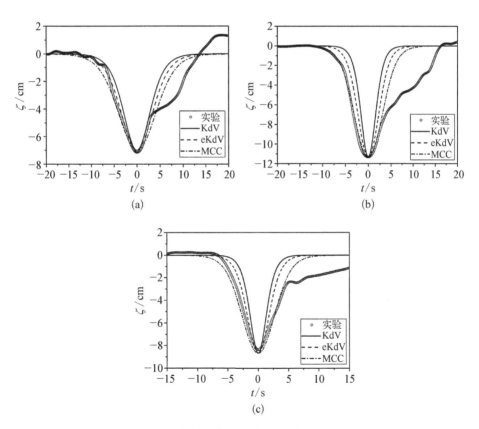

图 2 - 7　内孤立波波形

(a) $h_1/h_2 = 20/80$，$a_d = 7$ cm；(b) $h_1/h_2 = 15/85$，$a_d = 11$ cm；(c) $h_1/h_2 = 10/90$，$a_d = 8.5$ cm

无因次振幅大于 0.05 的内孤立波,当上下层流体深度比 $h_1/h_2=20/80$ 时,实验测量结果与 eKdV 理论解匹配度较高,而 $h_1/h_2=15/85$、$10/90$ 时,特征频率实验测量值与 MCC 理论结果较为接近。

根据图 2-6、图 2-7 的对比分析,表 2-2 中列出了 FPSO 模型载荷系列实验工况及与其相匹配的内孤立波理论模型,匹配结果与黄文昊等[91]的研究结论一致。

表 2-2　FPSO 内孤立波载荷实验工况及其适用的理论模型

流体深度比 h_1/h_2	内孤立波实验振幅 $\mid a_m \mid/\mathrm{cm}$	匹配的理论模型
20/80	5.5、7.3、8.7、10.4、12.8、14.5、16.6、19.5	eKdV
15/85	5.1、7.1、8.8、10.7、12.2、14.5、16.7、19.7	MCC
10/90	3、4.2	KdV
10/90	5.9、7.2、8.4、9.3、11.4、12.9、13.5	MCC

利用表 2-2 匹配的内孤立波理论模型,计算双推板造波机上下推板运动速度和运动行程,进行内孤立波造波,生成的内孤立波振幅实验测量值与设计振幅的对比结果如图 2-8 所示。由图可见,除个别大振幅工况外,各实验工况测量得到的振幅结果均与设计振幅较接近,两者相对误差普遍在 10% 以内。大振幅工况误差较大的原因在于大振幅内孤立波造波总是在小振幅工况之后,分层流体混合严重,因而引起实验测量内孤立波振幅与设计振幅相差略大。

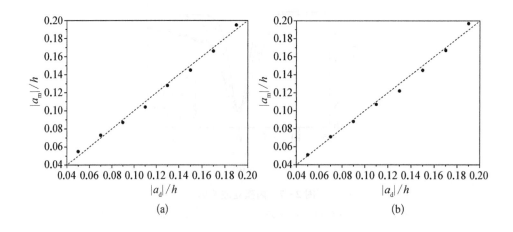

(a)　　　　　　　　　　　　(b)

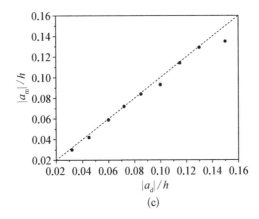

图 2 - 8　内孤立波实验振幅与设计振幅比较

(a) $h_1/h_2 = 20/80$；(b) $h_1/h_2 = 15/85$；(c) $h_1/h_2 = 10/90$

2.4　FPSO 内孤立波载荷实验结果分析

内孤立波流经海洋结构物时，结构物周围的水质点速度会发生改变，进而引起结构物表面压力分布发生变化，参照图 2 - 1 所示的坐标系，可获得内孤立波水平载荷、横向载荷和垂向载荷，分别记为 F_x、F_y 和 F_z，对其进行无因次化，可得 $\overline{F}_x = F_x/(\rho_1 g S_x d)$、$\overline{F}_y = F_y/(\rho_1 g S_y d)$ 和 $\overline{F}_z = F_z/(\rho_1 g S_z d)$。其中，$S_x$ 为内孤立波作用浪向角为 0°时 FPSO 湿表面积沿内孤立波前进方向的投影面积，S_y 为浪向角为 0°时 FPSO 湿表面积沿垂直于内孤立波前进方向的投影面积，S_z 为 FPSO 沿垂向的投影面积。

2.4.1　内孤立波水平力特性

选取分层比 $h_1/h_2 = 20/80$ 时振幅 $|a_d|/h = 0.09$ 的工况、分层比 $h_1/h_2 = 15/85$ 时振幅 $|a_d|/h = 0.09$ 的工况、分层比 $h_1/h_2 = 10/90$ 时振幅 $|a_d|/h = 0.072$ 的工况为分析工况，研究内孤立波以不同角度作用时的水平力变化规律。

图 2 - 9 和图 2 - 10 所示分别为 FPSO 迎浪（浪向角为 0°）和顺浪（浪向角为 180°）情况下的内孤立波水平力时历实验结果。由图可见，内孤立波流经 FPSO 浮体时，浮体受到的内孤立波水平力随时间推移先增大后减小，之后转为沿负向先增大后减小。分析原因为随着内孤立波向 FPSO 浮体的传播，FPSO 首端与尾端间的压力差逐渐变大，引起水平力增大，并在某一时刻达到最大值；内孤立

波波谷继续传播,首尾压力差又逐渐减小,使水平力逐渐减小,至内孤立波波谷到达 FPSO 长度中点附近时首尾压力差接近于零,水平力也减小至零;之后内孤立波波谷越过 FPSO 长度舯点继续传播,首尾压力差反向增大,使水平力转为沿负向逐渐增大,并在某一时刻达到水平力最小值;之后内孤立波波谷逐渐远离 FPSO,水平力也逐渐回复到零。

图 2-11 所示为 FPSO 横浪(浪向角为 90°)时的内孤立波水平力时历实验结果。与图 2-9、图 2-10 所示有所不同,内孤立波以 90°入射时,浮体受到的水平力随时间推移先增大后减小。FPSO 横浪时,沿内孤立波传播方向的 FPSO 尺度与内孤立波特征波长相比较小,随内孤立波向 FPSO 传播,FPSO 两侧压力差逐渐增大,水平力也逐渐增大;内孤立波波谷到达 FPSO 正下方时,两侧压力差达到最大,水平力也随之达到最大;之后内孤立波波谷越过 FPSO,两侧压力差转为负向增大,水平力则随之减小,直至为零。

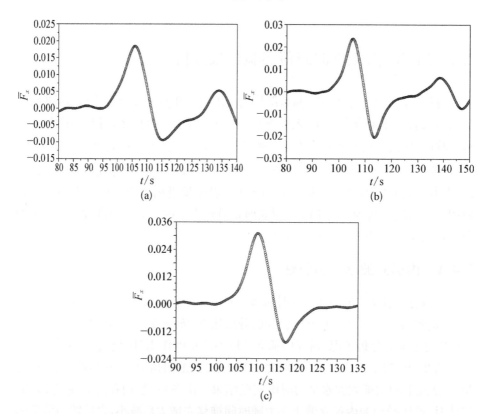

图 2-9　FPSO 迎浪时内孤立波水平力时历变化

(a) $h_1/h_2 = 20/80$, $|a_d|/h = 0.09$; (b) $h_1/h_2 = 15/85$, $|a_d|/h = 0.09$;
(c) $h_1/h_2 = 10/90$, $|a_d|/h = 0.072$

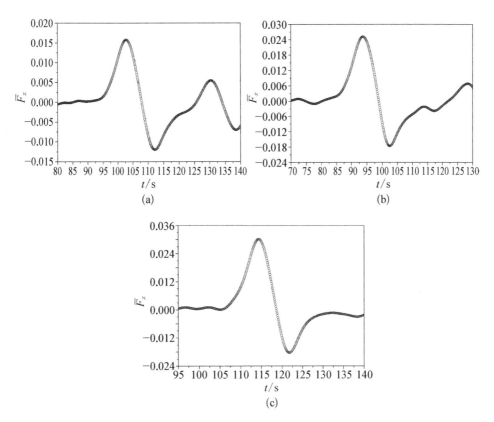

图 2 - 10　FPSO 顺浪时内孤立波水平力时历变化

(a) $h_1/h_2 = 20/80$，$|a_d|/h = 0.09$；(b) $h_1/h_2 = 15/85$，$|a_d|/h = 0.09$；
(c) $h_1/h_2 = 10/90$，$|a_d|/h = 0.072$

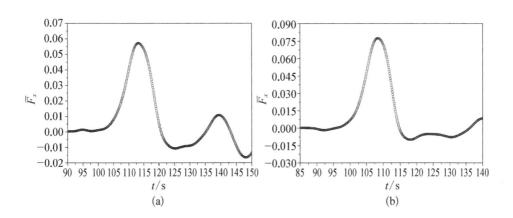

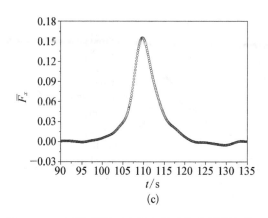

(c)

图 2 - 11　FPSO 横浪时内孤立波水平力时历变化

(a) $h_1/h_2 = 20/80$, $|a_d|/h = 0.09$; (b) $h_1/h_2 = 15/85$, $|a_d|/h = 0.09$;

(c) $h_1/h_2 = 10/90$, $|a_d|/h = 0.072$

　　图 2-12 和图 2-13 所示为 FPSO 斜浪(浪向角为 45°和 135°)时的内孤立波水平力时历实验结果。内孤立波以斜浪方向流经 FPSO 时,随内孤立波作用时间推移,FPSO 浮体受到的水平力先增大后减小,之后转为负向增大后再次减小至零。FPSO 斜浪时,随内孤立波从无限远处向 FPSO 浮体传播,首尾端压力差逐渐增大,水平力随之增大;到达某一时刻时,首尾端压力差增大至最大,水平力也达到最大值;之后,内孤立波继续向后传播,FPSO 首尾端压力差负向增大,水平力随之减小,直至达到最小值;直至内孤立波远去,水平力又逐渐变化至零。

　　接下来讨论上下层流体深度比、内孤立波振幅和内孤立波入射角度对内孤立波水平力幅值的影响。

　　图 2-14 和图 2-15 所示分别为 FPSO 迎浪和顺浪时,分层比和内孤立波振幅变化对内孤立波水平力最大值 $\bar{F}_x^{\max}$、最小值 $\bar{F}_x^{\min}$ 的影响。对于内孤立波水平力最大值 $\bar{F}_x^{\max}$ 来说,其随内孤立波振幅增加呈线性增大,且对比同一振幅情况,其随上下层流体深度比减小而有所增加,这是因为上下层流体深度比减小时,流体分界面将越靠近 FPSO,在分界面传播的内孤立波对 FPSO 的影响也就越显著。对于内孤立波水平力最小值 $\bar{F}_x^{\min}$ 而言,其随内孤立波振幅的增加也近乎呈线性增大,但增大的速度较水平力最大值要小,且随着上下层流体深度比减小,水平力最小值随内孤立波振幅增大而增加的速度进一步减缓。对比结果说明,内孤立波振幅对内孤立波水平力的最大值与最小值均有较大影响,而上下层流体深度比的变化主要对内孤立波水平力的最大值有较大影响。

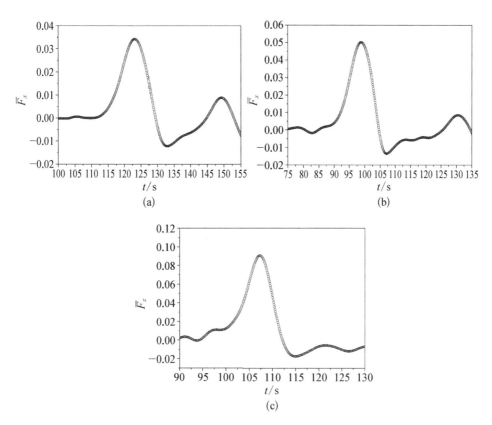

图 2 - 12　FPSO 首斜浪时内孤立波水平力时历变化

(a) $h_1/h_2 = 20/80$，$|a_d|/h = 0.09$；(b) $h_1/h_2 = 15/85$，$|a_d|/h = 0.09$；

(c) $h_1/h_2 = 10/90$，$|a_d|/h = 0.072$

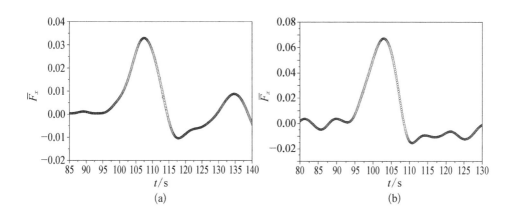

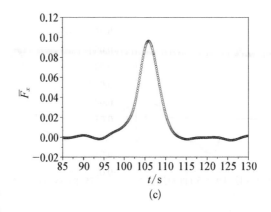

(c)

图 2 - 13　FPSO 尾斜浪时内孤立波水平力时历变化

(a) $h_1/h_2 = 20/80$, $|a_d|/h = 0.09$; (b) $h_1/h_2 = 15/85$, $|a_d|/h = 0.09$;

(c) $h_1/h_2 = 10/90$, $|a_d|/h = 0.072$

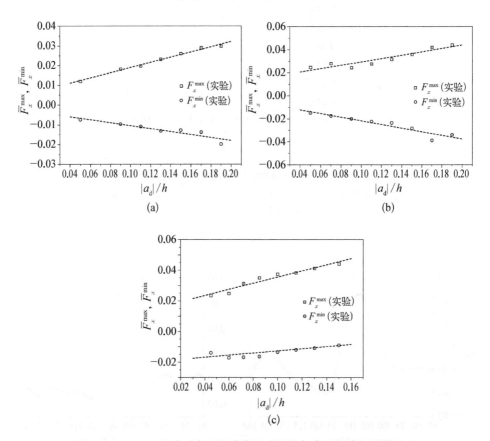

(a)　　　　　　　　　　　　　(b)

(c)

图 2 - 14　FPSO 迎浪时内孤立波水平力幅值与内孤立波振幅的关系

(a) $h_1/h_2 = 20/80$; (b) $h_1/h_2 = 15/85$; (c) $h_1/h_2 = 10/90$

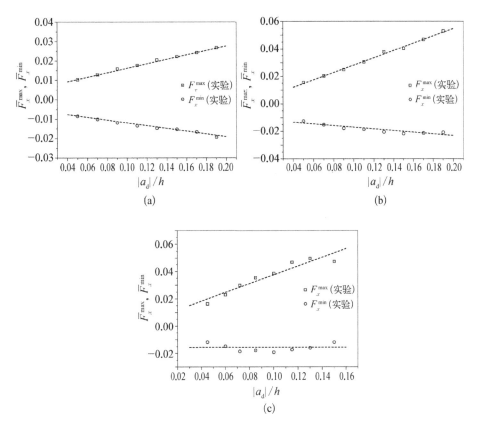

图 2 - 15　FPSO 顺浪时内孤立波水平力幅值与内孤立波振幅的关系

(a) $h_1/h_2 = 20/80$；(b) $h_1/h_2 = 15/85$；(c) $h_1/h_2 = 10/90$

图 2 - 16 和图 2 - 17 所示为 FPSO 斜浪时内孤立波水平力最大、最小幅值随内孤立波无因次振幅和上下层流体深度比的变化情况。结果表明,随着内孤立波振幅增加,水平力最大值近乎呈线性规律增加,且对比各工况发现,随上层流体厚度变薄,内孤立波水平力最大值大幅增加。而随内孤立波振幅增加,内孤立波水平力最小值几乎保持不变,且随上层流体厚度变薄,内孤立波水平力最小值也变化很小。对比结果说明,FPSO 斜浪情况下,内孤立波振幅和上下层流体深度比的变化对内孤立波水平力最小值影响很小,主要影响内孤立波水平力最大值。

图 2 - 18 所示为 FPSO 横浪时的内孤立波水平力最大幅值随内孤立波振幅和上下层流体深度比的变化情况。由图可见,随内孤立波无因次振幅增大,内孤立波水平力最大值基本呈幂函数增大,且随着上下层流体深度比减小,最大水平力幅值随孤立波振幅增加的幅度逐渐变缓。对比结果说明,FPSO 横浪情况流体分界面逐渐靠近 FPSO,内孤立波水平力逐渐增大,此时内孤立波振幅的影响则逐渐变缓。

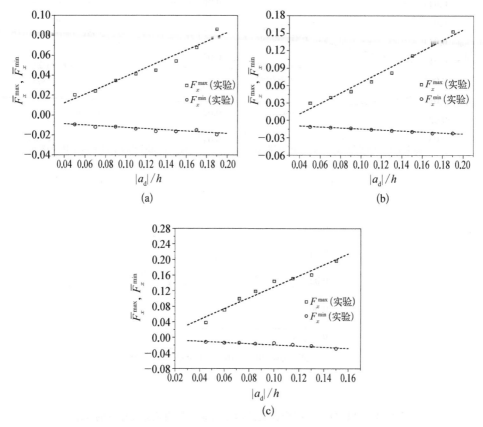

图 2 - 16   FPSO 首斜浪时内孤立波水平力幅值与内孤立波振幅的关系

(a) $h_1/h_2 = 20/80$；(b) $h_1/h_2 = 15/85$；(c) $h_1/h_2 = 10/90$

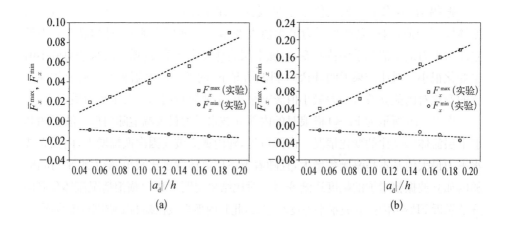

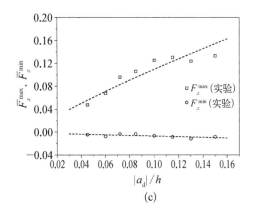

(c)

图 2 - 17　FPSO 尾斜浪时内孤立波水平力幅值与内孤立波振幅的关系

(a) $h_1/h_2 = 20/80$; (b) $h_1/h_2 = 15/85$; (c) $h_1/h_2 = 10/90$

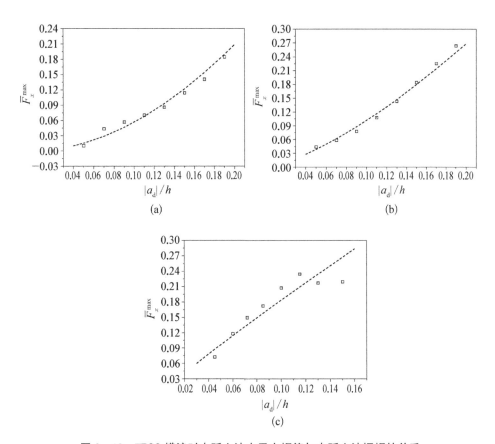

图 2 - 18　FPSO 横浪时内孤立波水平力幅值与内孤立波振幅的关系

(a) $h_1/h_2 = 20/80$; (b) $h_1/h_2 = 15/85$; (c) $h_1/h_2 = 10/90$

接下来选取三个典型分层比和内孤立波振幅工况讨论内孤立波入射角度对内孤立波水平力的影响。

图 2-19 所示为三个典型内孤立波以不同浪向角作用时内孤立波水平力时历结果。由图可见,迎浪($\alpha=0°$)、顺浪($\alpha=180°$)、斜浪($\alpha=45°$ 和 $135°$)时,内孤立波水平力随时间推移先增大到最大值,随后减小至零,继续负向变化至最小值,之后又回复至零。而横浪($\alpha=90°$)时,内孤立波水平力随时间推移先增大至最大值,随后减小至零。对比时历曲线发现,迎浪和顺浪情况下,内孤立波水平力随时间变化情况基本保持一致;斜浪($\alpha=45°$ 和 $\alpha=135°$)情况下,内孤立波水平力随时间变化情况也基本保持一致;横浪情况下各个时刻的内孤立波水平力较其他情况都要大。

图 2-20 所示为三个分层比情况内孤立波水平力最大值/最小值与内孤立波入射角度的变化关系。由图可见,对于水平力最大值而言,内孤立波入射角从

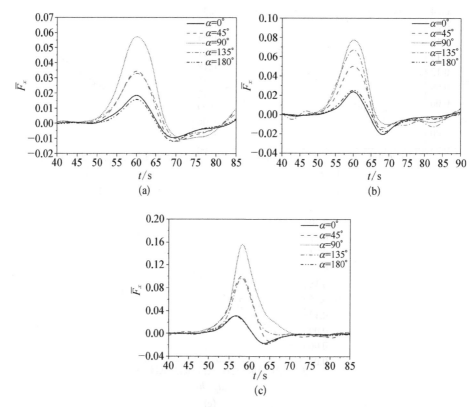

图 2-19　不同浪向角情况下内孤立波水平力时历特性

(a) $h_1/h_2=20/80$, $|a_d|/h=0.09$; (b) $h_1/h_2=15/85$, $|a_d|/h=0.09$;
(c) $h_1/h_2=10/90$, $|a_d|/h=0.072$

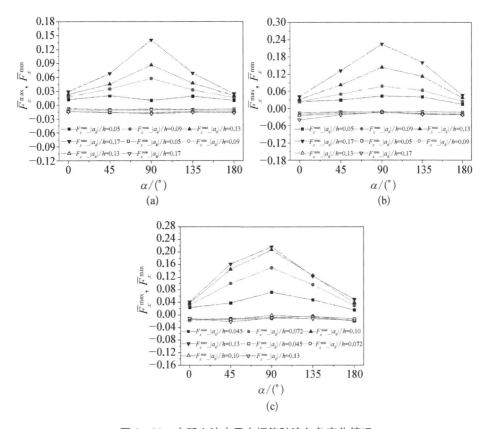

图 2 - 20　内孤立波水平力幅值随浪向角变化情况

(a) $h_1/h_2 = 20/80$；(b) $h_1/h_2 = 15/85$；(c) $h_1/h_2 = 10/90$

$0°$增大至 $180°$，内孤立波水平力最大值随角度增大而增加，在入射角为 $90°$时达到最大值，之后随入射角度继续增大而减小，至入射角为 $180°$时水平力最大值基本与入射角为 $0°$时的水平力最大值持平。而对于水平力最小值而言，随入射角从 $0°$增大至 $180°$，内孤立波水平力最小值的变化几乎保持不变。且不同的内孤立波振幅情况下，内孤立波水平力最大值/最小值随内孤立波入射角度的变化均保持相同的规律。对比结果说明，内孤立波入射角度对水平力最小值几乎没有影响，对水平力最大值影响较大。

2.4.2　内孤立波横向力特性

FPSO 浮体沿其中纵剖面左右对称，内孤立波迎浪和顺浪时，浮体两侧压力相互抵消，内孤立波作用的横向力为零，因此对这两种角度工况不做讨论。同样选取分层比 $h_1/h_2 = 20/80$ 时振幅 $|a_d|/h = 0.09$ 的工况、分层比 $h_1/h_2 = 15/85$

时振幅 $|a_d|/h=0.09$ 的工况、分层比 $h_1/h_2=10/90$ 时振幅 $|a_d|/h=0.072$ 的工况为分析工况,研究内孤立波以不同角度作用时的横向力变化规律。

图 2 - 21 所示为 FPSO 横浪时内孤立波横向力时历实验结果。内孤立波横浪作用于 FPSO 时,内孤立波传播方向上 FPSO 浮体的有效尺度较小,对于波长较大的内孤立波,浮体两侧的压力差也会较小,因而浮体受到的内孤立波横向力会较小。

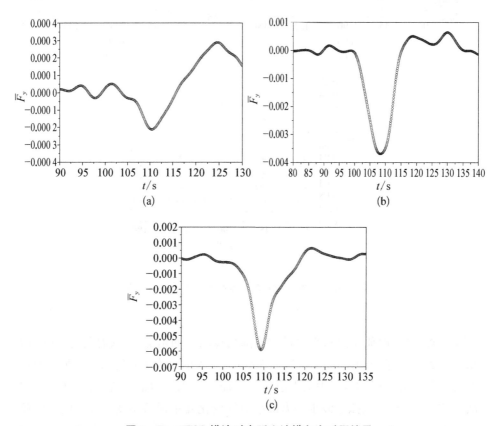

图 2 - 21 FPSO 横浪时内孤立波横向力时历结果

(a) $h_1/h_2=20/80$, $|a_d|/h=0.09$; (b) $h_1/h_2=15/85$, $|a_d|/h=0.09$;
(c) $h_1/h_2=10/90$, $|a_d|/h=0.072$

如图 2 - 21 所示,对于 $h_1/h_2=20/80$、$|a_d|/h=0.09$ 的工况,内孤立波从远处入射时,在上层流体对迎流面的挤压作用、迎流面底部和首尾端的界层分离现象的共同作用下,迎流面压力小于背流面压力,且背流面与迎流面间压力差逐渐变大,浮体受到的横向力逐渐减小,到某一时刻达到最小幅值;内孤立波波谷越过浮体中纵剖面后,浮体背流一侧压力逐渐减小,迎流面与背流面间压力差逐

渐反向增大,进而浮体受到的横向力逐渐增大,直至零。对于 $h_1/h_2 = 15/85$、$|a_d|/h = 0.09$ 和 $h_1/h_2 = 10/90$、$|a_d|/h = 0.072$ 这两种工况而言,内孤立波对浮体的影响逐渐明显。当内孤立波从远处入射时,因上层流体的挤压作用浮体迎流侧压力增大,浮体两侧压力差逐渐增大,横向力也逐渐增大;到达某一时刻后,内孤立波逐渐远离浮体,浮体两侧压力差逐渐减小,横向力也随之减小至零。

图 2-22 和图 2-23 所示为 FPSO 斜浪时三个典型工况的内孤立波横向力时历实验结果。对比发现,内孤立波沿 45°入射时,内孤立波横向力随时间增加而先减小后增大。内孤立波沿 135°入射时,内孤立波横向力随时间增加而先增大后减小。结果表明,内孤立波沿 45°和 135°斜浪入射时,FPSO 浮体受到的内孤立波横向力随时间变化趋势完全相反。分析原因为内孤立波从远处来流时,45°入射的浮体迎流端为首端,而 135°入射的浮体迎流端为尾端。

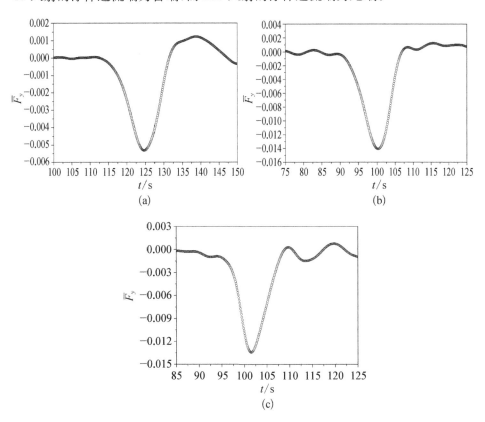

图 2 - 22　FPSO 首斜浪时内孤立波横向力时历变化

(a) $h_1/h_2 = 20/80$,$|a_d|/h = 0.09$;(b) $h_1/h_2 = 15/85$,$|a_d|/h = 0.09$;
(c) $h_1/h_2 = 10/90$,$|a_d|/h = 0.072$

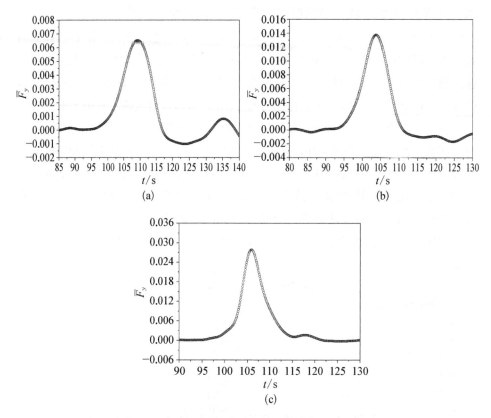

图 2 - 23 FPSO 尾斜浪时内孤立波横向力时历变化

(a) $h_1/h_2 = 20/80$，$|a_d|/h = 0.09$；(b) $h_1/h_2 = 15/85$，$|a_d|/h = 0.09$；
(c) $h_1/h_2 = 10/90$，$|a_d|/h = 0.072$

分析图 2 - 22 中的变化特性，当内孤立波从远处入射时，迎流首端与尾端间的压力差逐渐增大，浮体迎流首端的界层分离现象加剧，导致迎流首端压力小于尾端压力，此时内孤立波横向力逐渐减小；当内孤立波波谷到达浮体长度中点时，浮体受到的内孤立波横向力达到最小幅值；之后内孤立波波谷越过浮体长度中点，首尾端压力差逐渐减小，浮体受到的横向力也逐渐减小，直至为零。

接下来讨论上下层流体深度比、内孤立波入射角度和内孤立波振幅变化对内孤立波横向力的影响。

图 2 - 24 所示为不同振幅的内孤立波以 90°入射时横向力最大/最小值的变化情况。各分层比情况下内孤立波横向力最小值随内孤立波振幅的增大而增大。图 2 - 24(a)所示工况中，流体分界面距浮体较远，浮体受到的内孤立波横向力最小值的绝对值仅约为水平力最大值的 1/40；图 2 - 24(b)(c)所示工况中，

随流体分界面逐渐靠近浮体,浮体受到的内孤立波横向力逐渐增大,但其最小值的绝对值也仅为水平力最大值的 1/10,相比仍为小量。各分层比情况的内孤立波横向力最大值均很小,且随内孤立波振幅增加变化也很小。故而在内孤立波作用载荷分析中,FPSO 横浪时的内孤立波横向力可不考虑。

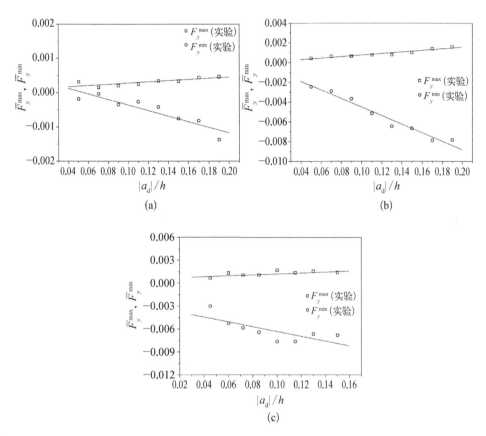

图 2 - 24　FPSO 横浪时内孤立波横向力随内孤立波振幅的变化
(a) $h_1/h_2 = 20/80$; (b) $h_1/h_2 = 15/85$; (c) $h_1/h_2 = 10/90$

图 2-25 和图 2-26 所示为 FPSO 斜浪时内孤立波横向力最大/最小值随内孤立波振幅的变化情况。图 2-25 中结果表明,当内孤立波以 45° 斜浪入射时,内孤立波横向力最小值随内孤立波振幅增大而增大,最大值随内孤立波振幅增大几乎不变;随上下层流体深度比减小,横向力最大值几乎不变,最小值则呈现变大趋势。图 2-26 则表明,内孤立波以 135° 斜浪入射时,内孤立波横向力最大值随内孤立波振幅增大而增大,最小值随内孤立波振幅增大几乎不变;随上下层流体深度比减小,横向力最大值呈变大趋势,最小值则几乎不变。

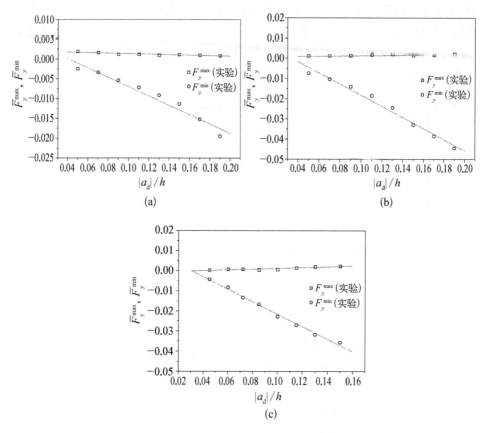

图 2 - 25　FPSO 首斜浪时内孤立波横向力随内孤立波振幅的变化

(a) $h_1/h_2 = 20/80$; (b) $h_1/h_2 = 15/85$; (c) $h_1/h_2 = 10/90$

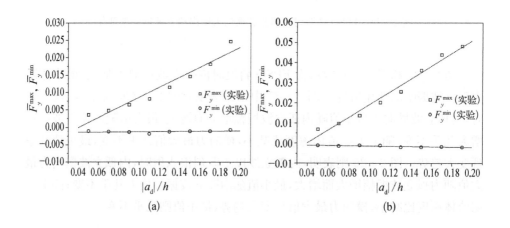

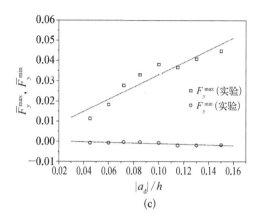

图 2 - 26　FPSO 尾斜浪时内孤立波横向力随内孤立波振幅的变化
(a) $h_1/h_2 = 20/80$；(b) $h_1/h_2 = 15/85$；(c) $h_1/h_2 = 10/90$

对比图 2 - 25 所示的内孤立波横向力幅值与图 2 - 16 所示的内孤立波水平力幅值可以发现,内孤立波横向力幅值的数值略小于水平力幅值的数值,但两者为同量级。说明 FPSO 斜浪时的内孤立波横向力是不能忽略的。

接下来讨论 FPSO 与内孤立波遭遇角度对内孤立波横向力的影响。

图 2 - 27 显示了 FPSO 横浪和斜浪时的内孤立波横向力时历特性。由图可见,随着时间推移,无论是横浪还是斜浪,内孤立波横向力都先增大到最大幅值,随后减小至零,随时间变化不发生转向。对比时历曲线发现,45°和 135°斜浪情况的内孤立波横向力时历变化趋势和幅值基本保持一致,而横浪情况的内孤立波横向力较之要小一些。

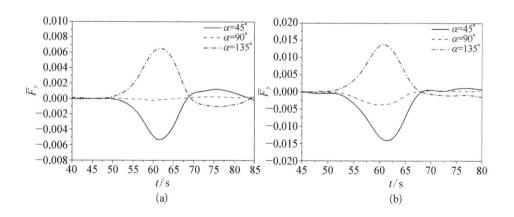

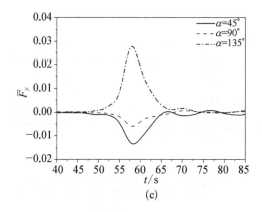

图 2 - 27 不同浪向角情况下内孤立波横向力时历特性

(a) $h_1/h_2 = 20/80$，$|a_d|/h = 0.09$；(b) $h_1/h_2 = 15/85$，$|a_d|/h = 0.09$；

(c) $h_1/h_2 = 10/90$，$|a_d|/h = 0.072$

图 2-28 所示为内孤立波横向力最大/最小值随内孤立波入射角度变化的情况。由图可见，对于横向力最大幅值，内孤立波入射角从 0°增大至 180°的过程中，

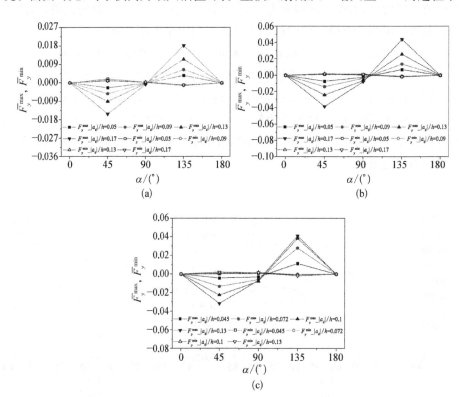

图 2 - 28 内孤立波横向力最大值/最小值随浪向角变化的情况

(a) $h_1/h_2 = 20/80$；(b) $h_1/h_2 = 15/85$；(c) $h_1/h_2 = 10/90$

入射角为 45°和 135°时的内孤立波横向力最大幅值最大,其他角度入射时浮体受到的横向力基本相同且均较小。而对于横向力最小幅值,随入射角在 0°～180°范围内变化,内孤立波横向力最小幅值的变化很小。对比结果说明,内孤立波入射角度对横向力最小幅值的影响很小,仅在斜浪工况较大时对横向力最人幅值有影响。

2.4.3　内孤立波垂向力特性

下面分析内孤立波以不同角度入射时的内孤立波垂向力变化特性。同样选取分层比 $h_1/h_2=20/80$ 时振幅 $|a_d|/h=0.09$ 工况、分层比 $h_1/h_2=15/85$ 时振幅 $|a_d|/h=0.09$ 工况、分层比 $h_1/h_2=10/90$ 时振幅 $|a_d|/h=0.072$ 工况为分析工况,进行讨论。

图 2-29 和图 2-30 所示分别为 FPSO 迎浪和顺浪时的内孤立波垂向力时

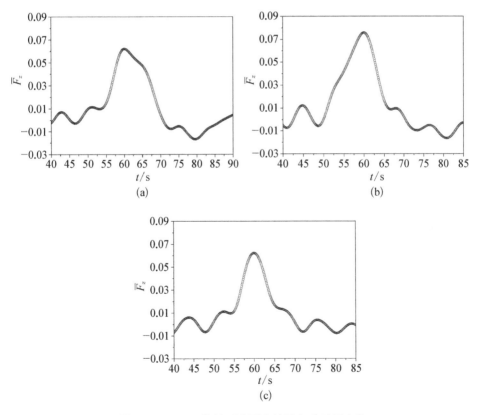

图 2-29　FPSO 迎浪时内孤立波垂向力时历变化

(a) $h_1/h_2=20/80$, $|a_d|/h=0.09$; (b) $h_1/h_2=15/85$, $|a_d|/h=0.09$;
(c) $h_1/h_2=10/90$, $|a_d|/h=0.072$

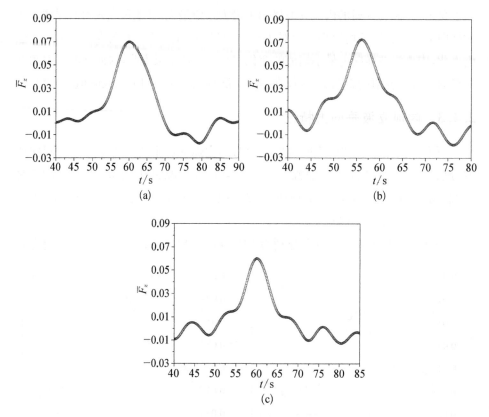

图 2-30 FPSO 顺浪时内孤立波垂向力时历变化

(a) $h_1/h_2 = 20/80$，$|a_d|/h = 0.09$；(b) $h_1/h_2 = 15/85$，$|a_d|/h = 0.09$；
(c) $h_1/h_2 = 10/90$，$|a_d|/h = 0.072$

历特性。由图可见，FPSO 浮体迎浪和顺浪时，内孤立波垂向力时历变化规律保持一致。各个分层比工况下，随时间推移，FPSO 浮体受到的内孤立波垂向力均先增大，当内孤立波波谷到达浮体长度中点时垂向力达到最大，之后内孤立波逐渐远离浮体，垂向力也随之减小，直至减小为零。这是由于浮体始终位于上层流体中，浮体受到的动压力始终为正，因而浮体受到的垂向力也始终为正。

图 2-31 所示为 FPSO 横浪时的内孤立波垂向力时历结果。图 2-32 和图 2-33 所示为 FPSO 斜浪时的内孤立波垂向力时历变化特性。与图 2-29 和图 2-30 的迎浪、顺浪情况对比可知，FPSO 以横浪和斜浪入射时的内孤立波垂向力时历变化趋势保持不变，即随时间增加先增大后减小。

接着分析上下层流体深度比、内孤立波振幅和内孤立波入射角度变化对内孤立波垂向力的影响。

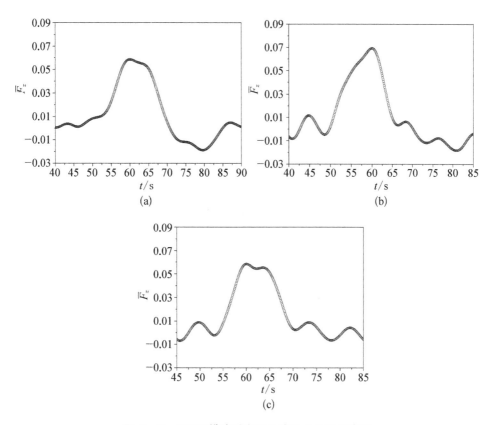

图 2 - 31　FPSO 横浪时内孤立波垂向力时历变化

(a) $h_1/h_2 = 20/80$，$|a_d|/h = 0.09$；(b) $h_1/h_2 = 15/85$，$|a_d|/h = 0.09$；
(c) $h_1/h_2 = 10/90$，$|a_d|/h = 0.072$

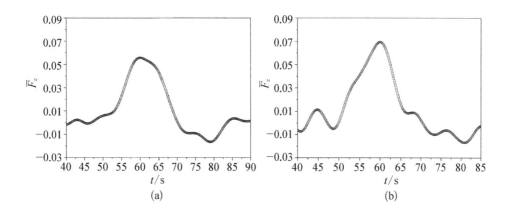

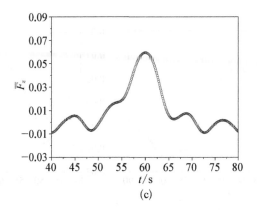

图 2 - 32　FPSO 首斜浪时内孤立波垂向力时历变化

(a) $h_1/h_2 = 20/80$，$|a_d|/h = 0.09$；(b) $h_1/h_2 = 15/85$，$|a_d|/h = 0.09$；
(c) $h_1/h_2 = 10/90$，$|a_d|/h = 0.072$

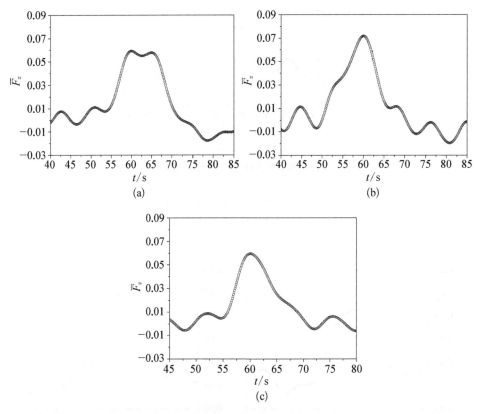

图 2 - 33　FPSO 尾斜浪时内孤立波垂向力时历变化

(a) $h_1/h_2 = 20/80$，$|a_d|/h = 0.09$；(b) $h_1/h_2 = 15/85$，$|a_d|/h = 0.09$；
(c) $h_1/h_2 = 10/90$，$|a_d|/h = 0.072$

图 2 - 34 所示为 FPSO 与内孤立波以不同角度遭遇时的内孤立波垂向力最大值随内孤立波振幅及分层比的变化情况。由图可见，对比同一上下层流

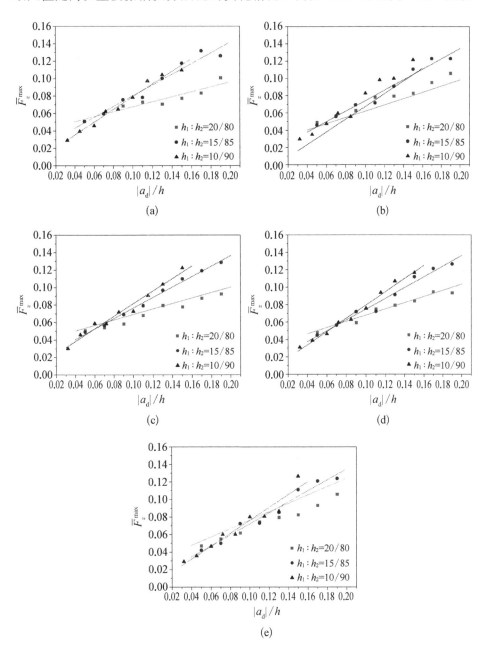

图 2 - 34　内孤立波垂向力最大值随内孤立波入射角度和振幅变化的情况

(a) $\alpha = 0°$；(b) $\alpha = 45°$；(c) $\alpha = 90°$；(d) $\alpha = 135°$；(e) $\alpha = 180°$

体深度比而入射角度不同的情况可知，入射角度变化对内孤立波垂向力最大值影响不大。观察某一入射角度情况结果发现，FPSO遭遇的内孤立波振幅增大时，内孤立波垂向力最大值近乎呈线性增大。随着上下层流体深度比减小，即上层流体厚度变薄，内孤立波垂向力最大值随振幅增大而增大的速度也逐渐变快。

图2-35所示为不同浪向角时的内孤立波垂向力时历变化特性。由图可见，当内孤立波从不同方向作用于FPSO时，由于FPSO浮体始终位于分层流体的上层流体中，其受到的动压力始终为正，直至内孤立波远离FPSO，动压力才逐渐减小。故而内孤立波垂向力随时间推移先增大到最大值，后逐渐减小至零。对比时历曲线变化发现，各角度情况下，内孤立波垂向力时历变化趋势和幅值也都保持一致。

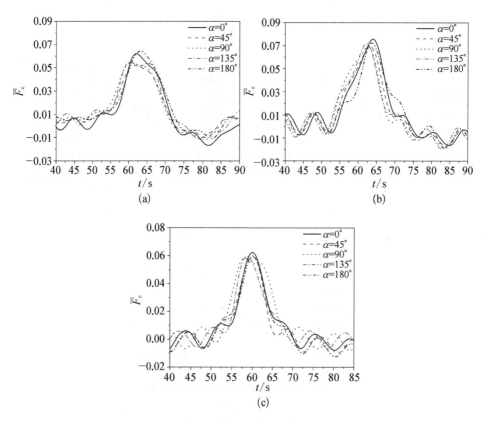

图2-35 不同浪向角情况下内孤立波垂向力时历特性

(a) $h_1/h_2 = 20/80$, $|a_d|/h = 0.09$; (b) $h_1/h_2 = 15/85$, $|a_d|/h = 0.09$;

(c) $h_1/h_2 = 10/90$, $|a_d|/h = 0.072$

　　图 2-36 则列出了不同内孤立波振幅时内孤立波垂向力最大值随 FPSO 与内孤立波遭遇角度的变化。由图可见,各个内孤立波振幅情况下,随着入射角度从 0°增大至 180°,内孤立波垂向力最大值均基本相当。这说明内孤立波入射角度对内孤立波垂向力幅值的影响较小。

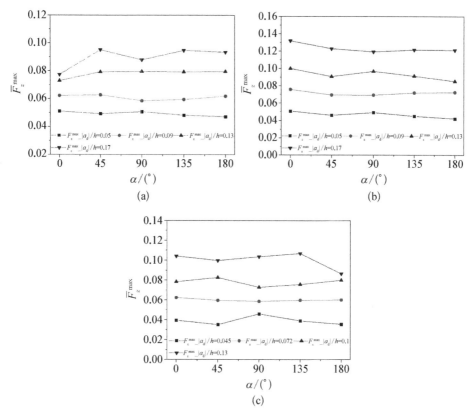

图 2-36　内孤立波垂向力幅值随浪向角变化的情况

(a) $h_1/h_2 = 20/80$; (b) $h_1/h_2 = 15/85$; (c) $h_1/h_2 = 10/90$

2.5　本章小结

　　以 FPSO 为研究对象,基于 KdV、eKdV 和 MCC 三类内孤立波理论模型,开展 0°～360°浪向角下 FPSO 浮体内孤立波载荷模型系列实验,研究内孤立波载荷特性,以及内孤立波入射角度、内孤立波振幅和上下层流体深度比变化对内孤立波载荷的影响规律。

对于内孤立波水平力来说，其时历变化规律如下：随时间增加，水平力迅速增加，增大至最大值后转而减小至零，并转为负向继续减小至最小值，之后又增加至零，其随时间推移会发生一次转向。观察内孤立波水平力随内孤立波入射角度、内孤立波振幅和分层比情况的变化得知，当内孤立波振幅增大时，内孤立波水平力最大值增加；当上下层流体深度比减小时，内孤立波水平力最大值也会有所增加；当入射角度从 0° 增加至 180° 时，内孤立波水平力最大值先增大后减小，并在入射角为 90° 时达到最大。而内孤立波水平力最小值随入射角、内孤立波振幅和分层比的改变变化很小。

对于内孤立波横向力而言，由于 FPSO 外形左右对称，内孤立波作用载荷左右抵消，故内孤立波以 0° 和 180° 入射时其横向力为零。又因为内孤立波沿波面宽度方向保持不变，所以内孤立波以 90° 入射时，FPSO 受到的沿垂直于内孤立波传播方向的横向力也很小。当内孤立波以 45° 和 135° 斜浪入射时，随时间推移，内孤立波横向力先增大至极值后逐渐减小至零，且观察内孤立波横向力幅值可知，与同工况的内孤立波水平力同量级。

对于内孤立波垂向力来说，由于浮体始终位于上层流体中，FPSO 浮体受到的动压力始终为正，因此内孤立波垂向力也始终为正值。通过观察内孤立波垂向力幅值随上下层流体深度比、内孤立波振幅和内孤立波入射角的变化，发现内孤立波垂向力幅值随这些因素的改变基本保持不变。

第 3 章

FPSO 内孤立波载荷理论预报模型

研究者常采用实验方法获取深海浮式结构物的内孤立波载荷,但实验过程费时费力,又无法快速、直接地获得实尺度深海结构物的载荷,因而获得可直接应用于工程实际的载荷预报模型是非常必要的,这也是南海深水结构物灾害性评估亟待解决的课题之一。

本章针对深海 FPSO,基于 KdV、eKdV、MCC 内孤立波理论模型的适用范围及适用条件,借鉴船舶阻力构成理论,结合黏性力计算公式和 Froude - Krylov 公式,建立内孤立波以 $0°\sim360°$ 浪向角入射的 FPSO 载荷预报模型。基于第 2 章开展的不同浪向角作用下 FPSO 内孤立波载荷模型实验结果,回归确定黏性力计算式中的摩擦力系数和黏压阻力换算的修正系数及黏性力系数的计算方法,分析所建立的内孤立波载荷预报方法在实验模型尺度下的适用性。

3.1 内孤立波载荷理论模型

讨论两层流体中内孤立波对 FPSO 的作用问题,可假设两层流体均为无旋、不可压缩的理想流体,h_1 和 h_2 分别为界面未受扰动时上下层流体的深度,ρ_1 和 ρ_2 分别为上、下层流体密度。建立直角坐标系 $Oxyz$,坐标原点 O 位于流体分界面内且与 FPSO 重心在同一铅垂线上,以未扰动分界面为 Oxy 坐标平面,Oz 轴则垂直向上。

依据第 2 章所述的内孤立波理论及其适用性条件求解出内孤立波波形,进而求得上下层流体中水质点的层深度平均水平速度,可得内孤立波诱导的水质点瞬时水平、垂向速度[85]分别为

$$\begin{cases} u_i(x,z,t) = \bar{u}_i(x,t) + \left\{ \dfrac{[\bar{h}_i(x,t)]^2}{6} - \dfrac{[z-(-1)^i h_i]^2}{2} \right\} \bar{u}_{ixx}(x,t) \\ w_i(x,z,t) = (-1)^{i+1} \lfloor h_i + (-1)^i z \rfloor u_{ix}(x,t) \end{cases}$$

$$(3-1)$$

式中,层深度 $\bar{h}_i = h_i + (-1)^i \zeta$。

由伯努利方程,可得到内孤立波诱导的瞬时动压力 p_i 为

$$p_i = \rho_i \left[cu_i - \frac{1}{2}(u_i^2 + w_i^2) \right] \qquad (3-2)$$

根据式(3-1)和式(3-2),可计算得到内孤立波诱导的瞬时速度场和压力场,内孤立波界面位移 ζ 和相速度 c 均考虑 KdV、eKdV、MCC 适用范围,根据上下层流体深度、密度及内孤立波振幅等条件选取合适的理论进行计算。

在内孤立波流经 FPSO 的过程中,由于水具有黏性,FPSO 浮体型表面吃水线以下会产生摩擦力 F_f;FPSO 型线肥大,会对水质点运动产生阻碍作用,浮体周围会出现界层分离现象,形成漩涡,产生黏性压差力 F_{pv},通常将摩擦力 F_f 和黏性压差力 F_{pv} 合并称为黏性力 F_v;内孤立波诱导的流场会在浮体型表面两侧和底面作用有动压力,会形成波浪压差力 F_{pw}。因此,作用在 FPSO 浮体上的内孤立波载荷包含波浪压差力和黏性力两个部分。

内孤立波作用的波浪压差力可通过式(3-2)计算得到内孤立波诱导瞬时动压力后,再沿 FPSO 浮体吃水型表面求面积分得到,见式(3-3)。由于未考虑结构物对内孤立波的影响,计算所得力称为 Froude-Krylov 力。

$$\boldsymbol{F}_{pw} = \iint_S p\boldsymbol{n}\,dS \qquad (3-3)$$

式中,$\boldsymbol{n}$ 为 FPSO 湿表面法向单位矢量,指向 FPSO 船体内侧为正。

黏性力则可通过利用式(3-1)计算得到内孤立波诱导瞬时速度沿 FPSO 型表面的切向分量后,取平方再沿 FPSO 浮体吃水型表面求面积分得到。

$$\boldsymbol{F}_v = \frac{1}{2}K \cdot C_f \iint_S \rho V_\tau^2 \boldsymbol{\tau}\,dS \qquad (3-4)$$

式中,$\boldsymbol{\tau}$ 为浮体型表面切向单位矢量,指向 FPSO 船尾方向为正;V_τ 为内孤立波诱导瞬时速度沿浮体型表面的切向分量;C_f 为摩擦力系数,K 为涉及黏压阻力折算的修正系数,C_f 和 K 均由模型系列实验回归确定。

3.2　内孤立波载荷数值方法

FPSO 内孤立波载荷模型系列实验结果为总载荷,需对其进行载荷构成分析,才能利用其进行载荷预报模型构建,而载荷构成研究则只能采用 CFD 方法进行。为了实现实验总载荷的分离,内孤立波数值水槽的主尺度与第 2 章的实验水槽完全一致,取数值水槽长为 30 m,宽为 0.6 m,总水深为 1 m。数值水槽中的 FPSO 模型尺度也与系列实验模型保持一致,水线长 $L_{wl}=0.51$ m,型宽 $B=0.107$ m,平均吃水 $d=0.035$ m。

数值水槽如图 3-1 所示,分为生成传播区、消波区,内孤立波生成传播区长 18 m,消波区长 12 m。数值水槽左端采用速度入口边界,分别在上下层流体中给定匹配内孤立波理论计算的层深度平均水平速度;右端采用压力出口边界;FPSO 模型在计算域中的位置距入口边界 9 m;流体区域用结构化网格划分,总网格数约为 201 万个,沿 FPSO 表面网格的分布数量为 3 688 个。

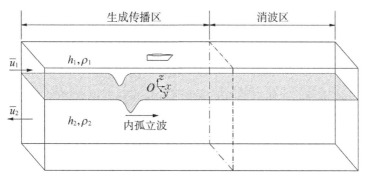

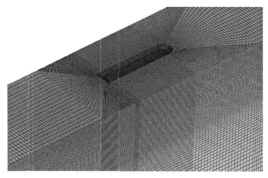

图 3-1　数值水槽示意及网格划分

网格具体划分方法为横向(y 方向)网格尺寸取 0.03 m,均匀分布;垂向(z 方向)在内孤立波生成传播区以底部向上 0.4 m 为界,上部区域网格垂向间距取 0.005 m,下部区域首层网格垂向间距取 0.005 m,后续网格按 1∶1.02 的比例逐渐增大,消波区网格划分法与生成传播区相同;纵向(x 方向)网格在内孤立波生成传播区纵向间距取 0.03 m,消波区纵向首层网格间距取 0.03 m,后续网格按 1∶1.04 的比例逐渐增大,使消波区网格逐渐稀疏,利用数值耗散在一定程度上起到消波作用。

坐标系如图 3-1 所示,沿 Ox 轴正向传播的内孤立波诱导流场的基本方程为

$$\begin{cases} \dfrac{\partial \boldsymbol{u_i}}{\partial x_i} = 0 \\ \dfrac{\partial \boldsymbol{u_i}}{\partial t} + u_j \dfrac{\partial \boldsymbol{u_i}}{\partial x_j} = -\dfrac{1}{\rho} \dfrac{\partial p}{\partial x_i} + \dfrac{\partial}{\partial x_j} \left(\nu \dfrac{\partial \boldsymbol{u_i}}{\partial x_j} \right) + \boldsymbol{f_i} \end{cases} \tag{3-5}$$

式中,$\boldsymbol{u_i} = (u_1, u_2, u_3)$ 为水质点的诱导速度;$\boldsymbol{f_i} = (f_1, f_2, f_3) = (0, 0, -g)$ 为重力矢量。

FPSO 型表面具有一定粗糙度,可定义为无滑移边界。水面和水底均定义为固壁,有

$$\begin{cases} u_3 \big|_{z=h_1} = 0 \\ u_3 \big|_{z=-h_2} = 0 \end{cases} \tag{3-6}$$

内孤立波诱导的水质点瞬时层深度平均水平速度可表达为

$$\begin{cases} \bar{u}_1 = -c \dfrac{\zeta}{h_1 - \zeta} \\ \bar{u}_2 = c \dfrac{\zeta}{h_2 + \zeta} \end{cases} \tag{3-7}$$

式中,c 为相速度;ζ 为界面位移。

数值水槽速度入口边界速度分别取上层流体速度为 $\bar{u}_1$,下层流体速度为 $\bar{u}_2$,采用第 2 章验证的内孤立波理论适应条件匹配计算工况,计算两层流体的速度。

流体分界面变化的捕捉采用 VOF 法,其输运方程可表示为

$$\frac{\partial a_q}{\partial t} + u_q \frac{\partial (a_q)}{\partial x} + w_q \frac{\partial (a_q)}{\partial z} = 0 \tag{3-8}$$

数值水槽末端设置消波区吸收反射波浪,一方面在数值水槽尾端加大离散网格尺度,加大数值耗散;另一方面也可在动量方程中添加 Baker 等[137-138]提出

的海绵层消波源项：

$$\begin{cases} u_{it} + u_i u_{ix} + w_i u_{iz} = -p_{ix}/\rho_i - \mu(x)u_i \\ w_{it} + u_i w_{ix} + w_i w_{iz} = -p_{ix}/\rho_i - g - \mu(x)w_i \end{cases} \quad (3-9)$$

$\mu(x)$ 可用不同准则[139]计算：

$$\mu(x) = \exp\left(-b\,\frac{|x-x_1|}{|x_2-x_1|}\right) \quad (x_1 \leqslant x \leqslant x_2) \quad (3-10)$$

$$\mu(x) = b\,\frac{(x-x_1)}{|x_2-x_1|} \quad (x_1 \leqslant x \leqslant x_2) \quad (3-11)$$

$$\mu(x) = b\sqrt{1 - \left[\frac{(x-x_1)}{|x_2-x_1|}\right]^2} \quad (x_1 \leqslant x \leqslant x_2) \quad (3-12)$$

$$\mu(x) = b\omega\left[\frac{(x-x_1)}{|x_2-x_1|}\right]^2 \quad (x_1 \leqslant x \leqslant x_2) \quad (3-13)$$

本书选用式(3-11)计算 $\mu(x)$。数值水槽的上下层流体密度分别为 $\rho_1 = 998\,\mathrm{kg/m^3}$ 和 $\rho_2 = 1\,025\,\mathrm{kg/m^3}$，上下层流体深度比、FPSO 与内孤立波遭遇浪向角及内孤立波振幅均与第 2 章系列实验工况一致，各工况适用的内孤立波理论模型可参照表 2-2。为实现总载荷完全分离，进行两种情况的数值模拟。一种为考虑流体动力黏性系数 $\nu = 1.0 \times 10^{-6}\,\mathrm{m^2/s}$ ——纳维-斯托克斯(Navier-Stokes，N-S)有黏模拟，此时可获得 FPSO 内孤立波摩擦力 F_f 和压差力 F_p；另一种为不考虑黏性，即 $\nu = 0$ ——欧拉无黏模拟，可获得 FPSO 内孤立波波浪压差力 F_{pw}。再用 N-S 有黏模拟分解得到的压差力幅值减去欧拉无黏模拟得到的波浪压差力幅值，即可获得黏性压差力幅值。

图 3-2 所示为考虑流体黏性和不考虑流体黏性情况下，数值水槽模拟的不同时刻内孤立波的波形。对比各时刻波形幅值发现，无论是否考虑流体黏性，数值水槽模拟得到的波形都是稳定的，并且对比各个时刻的结果发现，内孤立波传播过程的衰减是很小的。

将 FPSO 内孤立波水平力、横向力和垂向力分别记为 F_x、F_y 和 F_z，其无因次化式为 $\overline{F}_x = F_x/(\rho_1 g S_x d)$、$\overline{F}_y = F_y/(\rho_1 g S_y d)$ 和 $\overline{F}_z = F_z/(\rho_1 g S_z d)$。其中，在图 3-1 所示的坐标系中，$S_x$ 为各个浪向角时 FPSO 湿表面积沿 x 方向的投影面积，S_y 为湿表面积沿 y 方向的投影面积，S_z 为湿表面积沿垂向的投影面积。

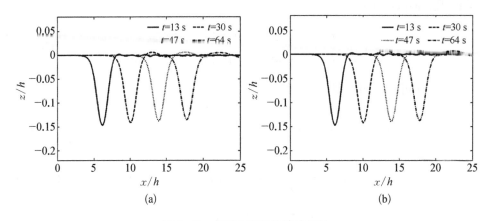

图 3-2　内孤立波数值造波结果

(a) N-S有黏模拟；(b) 欧拉无黏模拟

3.3　内孤立波载荷成分构成

为了能应用数值方法对内孤立波总载荷进行分离，首先需要验证数值方法的正确性。

3.3.1　内孤立波数值水槽正确性验证

图 3-3 所示为上下层流体深度比 $h_1/h_2 = 20/80$、内孤立波振幅 $|a_d|/h = 0.09$ 工况中，FPSO 与内孤立波遭遇角度为 0°（迎浪）、45°（首斜浪）、90°（横浪）、135°（尾斜浪）、180°（顺浪）时的内孤立波无因次水平力系列实验结果与数值模拟结果的对比。从时历变化趋势上，数值模拟结果与系列实验结果完全一致；从水平力最大值来看，两者也基本符合；而水平力最小值略有差别，尤其是斜浪情况，这是由于内孤立波经过 FPSO 时结构物背流一侧涡流情况复杂。总体上，数值模拟得到的内孤立波载荷与系列实验测量结果相一致。

图 3-4 所示为 FPSO 迎浪时不同上下层流体深度比、不同振幅的内孤立波作用下的 FPSO 无因次水平力最大值数值模拟和实验结果。数值模拟结果与实验测量结果吻合良好，两者相对误差均在 10% 以内。个别大振幅工况误差略大，这是由于系列实验造波次数增加后，上下层流体混合严重，系列实验结果偏大，但与数值模拟结果的相对误差也在 15% 以内。

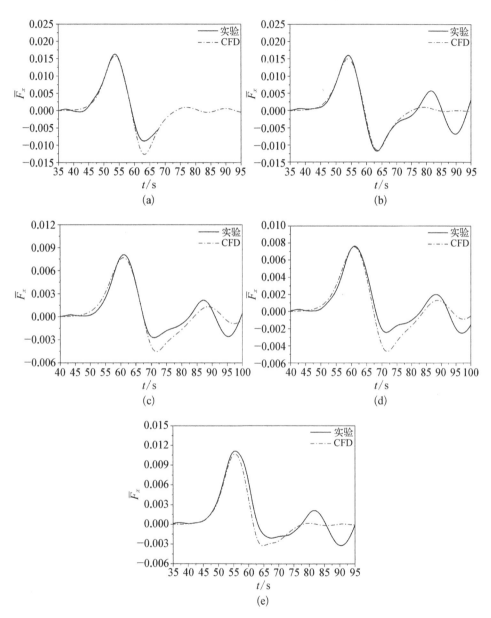

图 3 - 3　$h_1/h_2 = 20/80$，$|a_d|/h = 0.09$ 时，水平力实验、数值模拟结果比较

(a) $\alpha = 0°$；(b) $\alpha = 180°$；(c) $\alpha = 45°$；(d) $\alpha = 135°$；(e) $\alpha = 90°$

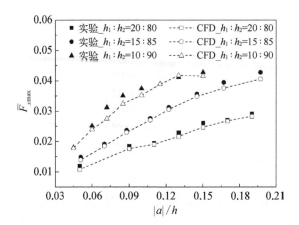

图 3-4　FPSO 迎浪时的内孤立波无因次水平力最大值
与内孤立波振幅的关系

对于内孤立波横向力,由于 FPSO 左右对称,首尾均较丰满,因而 FPSO 迎浪和顺浪时内孤立波横向力为零,通过第 2 章的分析得知,FPSO 横浪时内孤立波横向力极小,可不做考虑。图 3-5 所示为 $h_1/h_2 = 15/85$、$|a_d|/h = 0.09$ 工况,FPSO 首斜浪和尾斜浪时无因次内孤立波横向力数值模拟结果和系列实验结果的时历变化曲线。对比发现,数值模拟结果与实验测量结果变化趋势保持较好的一致性。对比两个工况的横向力幅值,数值模拟结果与系列实验测量结果的相对误差在 20% 以内。

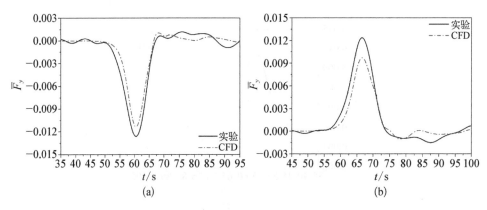

图 3-5　$h_1/h_2 = 15/85$, $|a_d|/h = 0.09$ 时,横向力实验、数值模拟结果比较
(a) $\alpha = 45°$; (b) $\alpha = 135°$

再看内孤立波垂向力的对比,图 3-6 所示为在 $h_1/h_2 = 20/80$、$|a_d|/h = 0.09$ 工况下,FPSO 与内孤立波以不同浪向角遭遇时的无因次内孤立波垂向力

时历变化特性。对比发现,内孤立波垂向力数值模拟结果、实验测量结果在随时间变化趋势上吻合良好,两种方法所得的垂向力幅值相对误差均在 5% 以内。

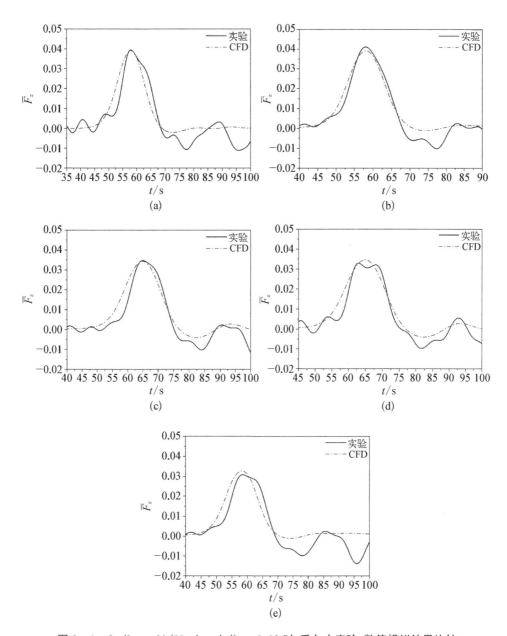

图 3-6　$h_1/h_2 = 20/80$,$|a_d|/h = 0.09$ 时,垂向力实验、数值模拟结果比较

(a) $\alpha = 0°$;(b) $\alpha = 180°$;(c) $\alpha = 45°$;(d) $\alpha = 135°$;(e) $\alpha = 90°$

图 3-3～图 3-6 的对比说明,采用本书所述的数值方法计算 FPSO 的内孤立波载荷是可行的,并可利用数值方法对载荷实验获取的总载荷进行完全分离。

3.3.2　内孤立波载荷构成成分厘析

运用构建的数值水槽,分别开展 N-S 有黏模拟和欧拉无黏模拟,分解出内孤立波作用于 FPSO 上的摩擦力、波浪压差力、黏性压差力。

图 3-7 为 $h_1/h_2=20/80$、$|a_d|/h=0.09$ 工况中,FPSO 与内孤立波 $0°\sim$ $180°$ 遭遇时的内孤立波无因次水平总力、水平摩擦力、水平波浪压差力的时历变化曲线。图 3-7(a)(b)所示分别为迎浪和顺浪工况,无因次波浪压差力随时间增加先增大至最大值再减小至零,之后又转为负向增大至最小值再减小至零,波浪压差力随时间推移会出现一次变向;摩擦力则基本随时间先增大至最大值后减小至零,且摩擦力最大值出现的时刻与波浪压差力最大值出现的时刻存在相位差。观察载荷成分幅值发现,图 3-7(a)所示迎浪工况波浪压差力最大幅值为 1.51×10^{-2},摩擦力幅值为 1.06×10^{-3};图 3-7(b)所示顺浪工况波浪压差力最大幅值为 1.43×10^{-2},摩擦力幅值为 1.35×10^{-3},摩擦力约为波浪压差力的 1/10。

继续观察图 3-7(c)(d),斜浪工况无因次波浪压差力随时间变化也呈先增大至最大值后减小的趋势,也会出现一次变向,变向后先增大至最小值后减小;摩擦力同样随时间先增加至最大值后减小,同样地,摩擦力最大值出现的时间滞后于波浪压差力最大值出现的时间。如图 3-7(c)所示,首斜浪工况波浪压差力最大幅值为 7.68×10^{-3},摩擦力幅值为 2.85×10^{-4}。如图 3-7(d)所示,尾斜浪工况波浪压差力最大幅值为 7.58×10^{-3},摩擦力幅值为 3.0×10^{-4},摩擦力约为波浪压差力的 1/20。与图 3-7(a)(b)所示的迎浪、顺浪工况相比较,FPSO 斜浪时受到的摩擦力占比又有所减小。

如图 3-7(e)所示,横浪工况无因次水平总力最大值为 1.07×10^{-2},摩擦力最大值为 1.3×10^{-4},波浪压差力最大值为 1.13×10^{-2},摩擦力约减小至水平总力的 1/100。与图 3-7(a)～(d)所示的迎浪、顺浪、斜浪工况相比较,摩擦力的占比又进一步减小,在载荷构成中基本可予以忽略。

通过以上分析可知,在内孤立波水平总力构成中,波浪压差力占主要成分,该成分可利用 Froude-Krylov 公式计算得到。对于 $0°\sim180°$ 浪向角(90°除外),黏性力中的摩擦力为小量,可利用摩擦力系数 C_{fr} 乘以速度平方沿吃水线以下的湿表面面积分得到,速度采用水质点在 FPSO 型表面的瞬时切向速度;黏性压

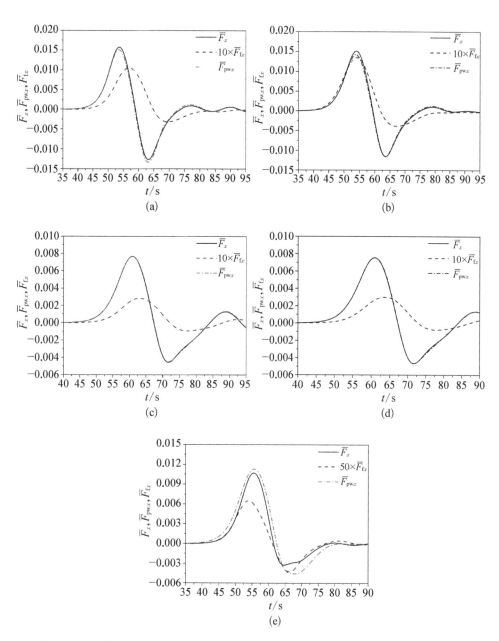

图 3-7　$h_1/h_2 = 20/80$，$|a_d|/h = 0.09$ 工况下的内孤立波水平力构成成分时历

(a) $\alpha = 0°$；(b) $\alpha = 180°$；(c) $\alpha = 45°$；(d) $\alpha = 135°$；(e) $\alpha = 90°$

差力的分离由压差力与波浪压差力相减获得,仅能获得其幅值,在预报模型中可通过引入修正系数 K_x 来计算。对于横浪(90°浪向角)情况,鉴于摩擦力极小,黏性力可直接利用黏性力系数 C_{vx} 乘以速度平方沿吃水线以下的湿表面面积分得到,速度采用沿 FPSO 型表面的水质点瞬时切向速度。

接下来讨论 FPSO 内孤立波横向力和垂向力的构成及特性。

图 3-8 所示为 $h_1/h_2=15/85$、$|a_d|/h=0.09$ 工况中,不同浪向角情况的无因次内孤立波横向力、横向波浪压差力、横向摩擦力的时历结果。如图 3-8(a)所示,首斜浪工况无因次横向波浪压差力幅值为 -1.14×10^{-2},摩擦力幅值为 4.8×10^{-4}。如图 3-8(b)所示,尾斜浪工况波浪压差力幅值为 1.05×10^{-2},摩擦力幅值为 -4.37×10^{-4},摩擦力较波浪压差力小 2 个量级。对比结果可知,内孤立波横向力构成中,波浪压差力仍为主要成分,可利用 Froude - Krylov 公式计算;黏性力中的摩擦力较小,仍可采用摩擦力系数 C_{fy} 乘以水质点瞬时速度切向分量平方沿 FPSO 型表面面积分计算,黏性压差力也可通过修正因数 K_y 与摩擦力合并折算。

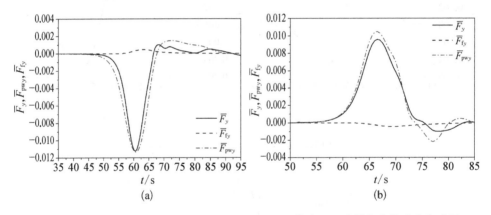

图 3-8 $h_1/h_2=15/85$,$|a_d|/h=0.09$ 工况下的内孤立波横向力构成成分时历

(a) $\alpha=45°$; (b) $\alpha=135°$

图 3-9 为 $h_1/h_2=20/80$、$|a_d|/h=0.09$ 工况中,不同浪向角情况的内孤立波垂向力、垂向波浪压差力、垂向摩擦力的时历特性。对比结果发现,无论是迎浪、顺浪工况还是斜浪、横浪工况,内孤立波垂向力构成中,波浪压差力都占主要成分,垂向摩擦力仅约为垂向波浪压差力的 1/1 000,在内孤立波垂向力预报中完全可以忽略不计。因此,在之后的内孤立波垂向力预报中,仅考虑垂向波浪压差力,并通过 Froude - Krylov 公式计算。

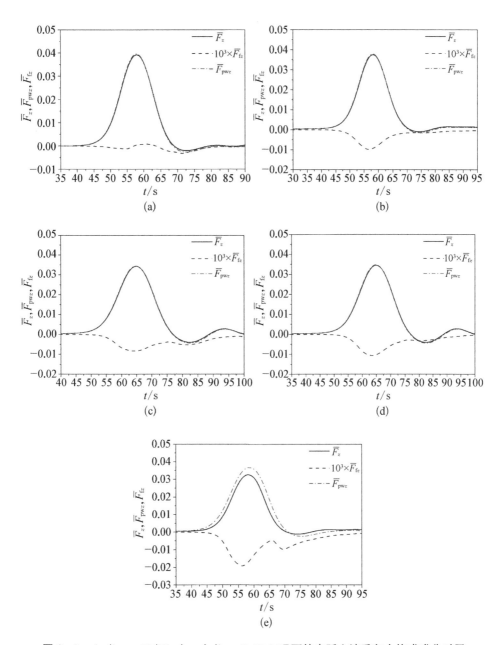

图 3 - 9　$h_1/h_2 = 20/80$，$|a_\mathrm{d}|/h = 0.09$ 工况下的内孤立波垂向力构成成分时历

(a) $\alpha = 0°$；(b) $\alpha = 180°$；(c) $\alpha = 45°$；(d) $\alpha = 135°$；(e) $\alpha = 90°$

3.3.3 内孤立波诱导流场特性

FPSO 始终位于上层流体,其对流体水质点的运动会起到阻碍作用。图 3-10 所示为内孤立波传播过程中 FPSO 对内孤立波波形的影响。其中 $t=58$ s 时,内孤立波波谷还没有传播至 FPSO,即 FPSO 位于内孤立波传播方向的前方;$t=62$ s 时,内孤立波波谷恰好传播至 FPSO 船舯位置;$t=66$ s 时,内孤立波波谷已经离开 FPSO,即 FPSO 位于内孤立波传播方向的后方。对比各时刻波形图发现,内孤立波传播过程波形保持稳定,波形和波面受 FPSO 的影响很小。

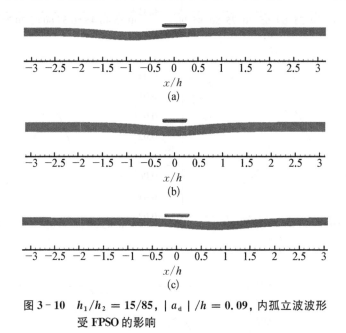

图 3-10　$h_1/h_2 = 15/85$,$|a_\mathrm{d}|/h = 0.09$,内孤立波波形
　　　　受 FPSO 的影响

(a) $t=58$ s;(b) $t=62$ s;(c) $t=66$ s

图 3-11 所示为某一时刻内孤立波诱导的流场速度矢量。由图 3-11 可知,内孤立波传播过程中,其诱导的波面上方水质点的水平速度方向与波传播方向相同,波面下方则相反,此时在波面处产生水平剪切流。观察流场沿深度方向的变化,上层流体厚度更小,上层流体中内孤立波诱导的水质点速度比下层流体中的要大。再观察诱导流场的垂向速度,内孤立波波谷前方诱导的水质点垂向速度方向向下,波谷后方则相反,此时在波谷处产生流体回旋。

图 3-12 所示为 FPSO 迎浪工况,内孤立波波谷传播至 FPSO 长度舯点时 FPSO 周围速度场及涡量场情况。由于 FPSO 外形型线肥大,内孤立波来流时,FPSO 首部对水流的阻碍作用强,在首柱位置形成高压区,致使水质点加速向后

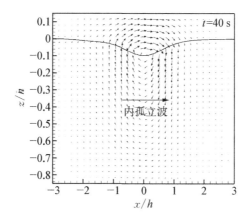

图 3 - 11　$h_1/h_2 = 15/85$，$|a_d|/h = 0.09$ 工况下的内孤立波诱导流场情况

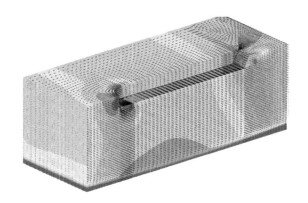

图 3 - 12　FPSO 周围流场的压力分布

方流去，同时在船首底部和首柱两侧出现伴有漩涡的低压区，改变了 FPSO 首端的压力分布。FPSO 尾部型线又急剧收缩，极易发生界层分离现象，分离区内出现尾涡，随流体向后运动，尾涡不断脱落向后流去，改变了 FPSO 尾端的压力分布。首部漩涡和尾涡不断产生、脱落，引起 FPSO 周围的流场压力改变，形成黏性压差力。随着浪向角发生改变，FPSO 周围涡的数量和分布也会进一步发生改变，引起黏性压差力的值的改变。

3.4　内孤立波载荷理论预报模型

依据上一节分析所得的内孤立波水平力、横向力和垂向力的载荷构成成分，同时依据第 2 章完成的内孤立波载荷系列实验结果，结合 KdV、eKdV 和 MCC

三类内孤立波理论及其适用条件,采用 Froude - Krylov 公式和瞬时切向速度型表面面积分方法,建立内孤立波以 $0°\sim180°$ 浪向角作用时 FPSO 内孤立波载荷理论预报模型。

3.4.1 载荷理论预报模型构建

根据 FPSO 内孤立波载荷实验中测得的总载荷系列实验结果,基于 KdV、eKdV 和 MCC 三类内孤立波理论模型求得内孤立波界面位移 ζ,采用最小二乘法得到 FPSO 水平摩擦力系数 C_{fx} 和修正系数 K_x、横向摩擦力系数 C_{fy} 和修正系数 K_y,以及横浪($90°$ 浪向角)情况的黏性力系数 C_{vx_90},研究其与雷诺数 Re、KC 数、上下层流体深度比 h_1/h 及浪向角 α 的变化规律。摩擦力系数 C_{fx}、C_{fy} 和修正系数 K_x、K_y 及黏性力系数 C_{vx_90} 与上下层流体深度比、浪向角 α 有关,还与雷诺数 Re 和 KC 数有关。定义雷诺数 $Re = u_{max}L/\nu$,KC 数 $KC = u_{max}T/L$,u_{max} 为内孤立波诱导的最大水平速度,L 为 FPSO 沿内孤立波传播方向的投影长度,$T = \lambda/c$ 为内孤立波周期,ν 为流体运动黏性系数。

图 3 - 13 所示为浪向角为 $0°\sim180°$($90°$ 横浪工况除外),三个上下层流体深度比情况下,FPSO 水平摩擦力系数 C_{fx} 随 Re 数、h_1/h 变化的实验结果。图 3 - 14 所示为浪向角为 $45°$ 和 $135°$ 时三个上下层流体深度比情况下,横向摩擦力系数 C_{fy} 随 Re 数、h_1/h 及浪向角 α 变化的实验结果。系列实验工况下,FPSO 模型的 Re 数范围为 25 000~70 000,经数据分析看出水平摩擦力系数 C_{fx}、横向摩擦力系数 C_{fy} 均随 Re 数增大而减小。对图 3 - 13 的实验数据进行回归,得到 C_{fx} 和 C_{fy} 与 Re 数、h_1/h、α 满足如下关系:

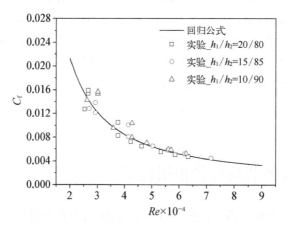

图 3 - 13 水平摩擦力系数 C_{fx} 随 Re 数、h_1/h 的变化特性

$$C_{\text{fr}} = 10.83 \left[\lg(Re) - 2 \right]^{-7.48} \tag{3-14}$$

$$\frac{\cos \alpha}{(1 - h_1/h)^3} C_{\text{fy}} = \left[\frac{1.043}{(h_1/h)^2} - \frac{15.16}{(h_1/h)} + 66.96 \right] e^{-3.05[\lg(Re)-2]}$$

$$\tag{3-15}$$

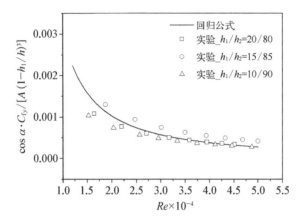

图 3 - 14　斜浪工况横向摩擦力系数 C_{fy} 随 Re 数、h_1/h 的变化特性[图中 $A = 1.043/(h_1/h)^2 - 15.16/(h_1/h) + 66.96$]

图 3 - 15 所示为浪向角为 0°~180°(90°除外),三个上下层流体深度比情况下,用于 FPSO 水平黏性力计算的修正系数 K_x 随 KC 数、h_1/h 变化的实验结果。图 3 - 16 所示为浪向角为 45°和 135°,三个上下层流体深度比情况下,用于 FPSO 横向黏性力计算的修正系数 K_y 随 KC 数、h_1/h 变化的实验结果。系列实验工况下,FPSO 模型的 KC 数范围为 0.4~1.6,分析实验数据可知,水平黏性力修正系数 K_x 随 KC 数增大而增大,随上下层流体深度比 h_1/h 减小而增大;横向黏性力修正系数 K_y 随 KC 数增大而减小,回归得到 K_x 和 K_y 与 KC 数、h_1/h 满足如下关系:

$$\left(1 - \frac{h_1}{h} \right)^4 \text{KC}^3 K_x = 731.3 \left(1 - \frac{h_1}{h} \right)^{29.16} \text{KC}^{2.413\left(1-\frac{h_1}{h}\right)^{-5.83}} \tag{3-16}$$

$$\left(1 - \frac{h_1}{h} \right)^2 \text{KC}^3 K_y = -(17.24 \text{KC}^{6.429} + 7.157) + 5 \left(1 - \frac{h_1}{h} \right) \tag{3-17}$$

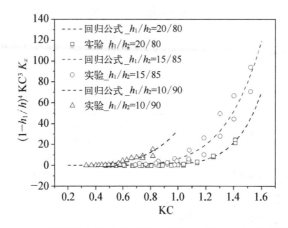

图 3-15 水平黏性力的修正系数 K_x 随 KC 数、h_1/h 的变化特性

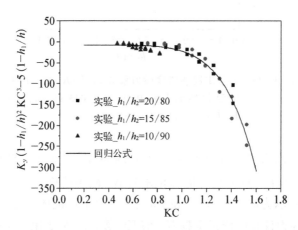

图 3-16 横向黏性力的修正系数 K_y 随 KC 数、h_1/h 的变化特性

浪向角为 90°时 FPSO 中线面与内孤立波传播方向相垂直,内孤立波经过后,势必在 FPSO 背流一侧产生大量不稳定的漩涡,致使黏性压差力增大,因而在浪向角为 90°的载荷预报模型中,主要考虑波浪压差力和黏性压差力。图 3-17 为三个上下层流体深度比时,FPSO 水平黏性力系数 C_{vx_90} 随 KC 数、h_1/h 变化的实验结果。系列实验工况的 KC 数范围为 1.2~5.2,分析实验数据得知,黏性力系数 C_{vx_90} 随 KC 数增大而增加,采用回归方法得到 C_{vx_90} 与 KC、h_1/h 满足如下关系:

$$\frac{C_{vx\_90} KC^3}{(1-h_1/h)^2} = 1.125\left(1.25 - \frac{h_1}{h}\right)\exp(0.882KC) \qquad (3-18)$$

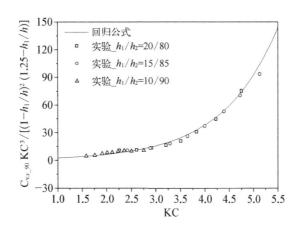

图 3 - 17　水平黏性力系数 C_{vx_90} 随 KC 数、h_1/h 的变化特性

3.4.2　内孤立波水平力预报及载荷特性分析

根据式(3 - 14)和式(3 - 16)所表示的水平摩擦力系数和修正系数的计算方法,结合 KdV、eKdV 和 MCC 内孤立波理论模型,对 $h_1/h_2 = 20/80$、15/85、10/90 三个上下层流体深度比,0°~180°浪向角作用下的 FPSO 内孤立波水平力进行理论预报。

图 3 - 18 所示为 FPSO 迎浪(浪向角为 0°)情况、上下层流体深度比 $h_1/h_2 = 15/85$、内孤立波振幅 $|a_d|/h = 0.09$ 时,无因次内孤立波水平力的理论预报结果,其中 $\bar{F}_x^{pw}$ 为预报的无因次波浪压差力,$\bar{F}_x^v$ 为预报的无因次黏性力。此深度比和振幅组合工况的内孤立波界面位移 ζ 适合利用 MCC 理论计算,此时雷诺数和 KC 数分别为 $Re = 42\,551$,$KC = 0.689\,6$。 依据式(3 - 14)和式(3 - 16)计算得到水平摩擦力系数 $C_{fr} = 7.847 \times 10^{-3}$,修正系数 $K_x = 3.7$。 从图 3 - 18 中可看出,FPSO 水平波浪压差力最大值约为黏性力最大值的 10 倍。在内孤立波向 FPSO 传播的过程中,作用于 FPSO 的波浪压差力时历变化呈先增大至最大值后减小至零,之后又转为负向增大至最小值再减小至零的趋势,在 FPSO 长度中点附近波浪压差力出现正负转换点。由式(3 - 3)可知,波浪压差力为流体水质点作用于 FPSO 型表面的压力差所致。在内孤立波经过 FPSO 的过程中,波谷到达模型长度中点之前,FPSO 型表面沿 Ox 轴向压力差先增大后减小;波谷越过模型长度中点后,FPSO 型表面沿 Ox 轴向压力差先减小后增大,因此波浪压差力的方向会发生改变。波谷到达 FPSO 长度中点时,FPSO 型表面沿 Ox 轴向压力差为零,波浪压差力在 FPSO 长度中点附近为零。

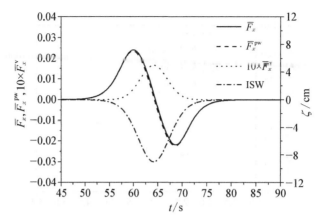

图 3-18　$h_1/h_2 = 15/85$，$|a_{\mathrm{d}}|/h = 0.09$ 时水平总力、波浪
压差力、黏性力理论预报值

从图 3-18 中还可以看出，水平黏性力始终为正值，其时历曲线呈先增大至最大值后减小至零的趋势，且在 FPSO 长度中点时达到最大值。由黏性力计算式(3-4)可知，水平黏性力与流体水质点沿 FPSO 型表面切向速度平方成正比，内孤立波波谷处流体水质点的速度最大，因而水平黏性力的最大值也出现在内孤立波波谷到达 FPSO 长度中点的时刻。

观察图 3-18 还发现，波浪压差力最大值的出现时刻与黏性力最大值的出现时刻存在相位差，FPSO 水平力最大值出现在内孤立波波谷到达 FPSO 长度中点之前的某一时刻，但由于黏性力仅为波浪压差力的 1/10，故而水平总力最大值出现的时刻与波浪压差力最大值出现的时刻相差较小。在该时刻之前，FPSO 水平力随时间增加而增大，该时刻之后随时间增加而减小至零，之后由于为负值的波浪压差力大于黏性力，合成后的水平总力发生转向变为负值，变化至最小值后又转为增大至零。

图 3-19 所示为 FPSO 迎浪（浪向角为 0°）情况下，上下层流体深度比 $h_1/h_2 = 15/85$、内孤立波振幅 $|a_{\mathrm{d}}|/h = 0.09$ 工况，内孤立波水平摩擦力理论预报和数值模拟结果时历曲线。由图 3-19 可见，摩擦力随时间增加先增大后减小，且理论预报的摩擦力最大值与数值分离获得的最大值间的相对误差为 3%。

图 3-20 所示为 FPSO 迎浪（浪向角为 0°）情况下，上下层流体深度比 $h_1/h_2 = 15/85$、内孤立波振幅 $|a_{\mathrm{d}}|/h = 0.09$ 工况，内孤立波水平总力系列实验、数值计算和理论预报的时历曲线。对比结果发现，实验、数值模拟和理论预报结果吻合良好，水平总力随时间增加先增大至正的最大值，后又逐渐减小至零，之后转为负向增大至负的最小值，再又逐渐回复至零。

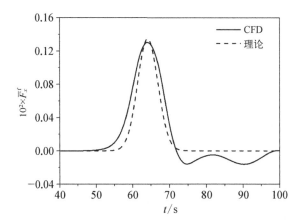

图 3-19　$h_1/h_2 = 15/85$，$|a_d|/h = 0.09$ 时无因次水平摩擦力理论预报结果与数值模拟结果

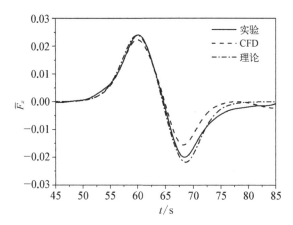

图 3-20　$h_1/h_2 = 15/85$，$|a_d|/h = 0.09$ 时无因次水平力理论预报、数值模拟和实验结果

　　FPSO 内孤立波水平总力时历变化中出现一个最大值和一个最小值,将无因次水平总力最大值记为 $\bar{F}_x^{\max}$,无因次水平总力最小值记为 $\bar{F}_x^{\min}$。由于载荷系列实验中造波机生成的内孤立波实际上包括先导内孤立子和紧随其后的小振幅尾波列,而 FPSO 模型沿波传播方向尺度又较大,当先导内孤立子传播至模型迎流尾端时,尾波列已作用于模型迎流首端,这使得模型两端的压差与仅有先导内孤立子作用时的压差不同,造成水平总力最小值与实际先导内孤立子作用最小值偏差较大。因此,在此仅讨论 FPSO 内孤立波水平力最大值随上下层流体深度比和内孤立波振幅等参数的变化规律。

　　图 3-21 所示为 FPSO 迎浪(浪向角为 0°)情况下,三个上下层流体深度比

时，FPSO 无因次内孤立波水平力最大值理论预报结果与实验结果随内孤立波振幅的变化。由图 3-21 可见，FPSO 内孤立波水平力最大值 $\overline{F}_x^{\max}$ 随内孤立波振幅 $|a_d|/h$ 增加近似呈线性关系增加，并且随上下层流体深度比 h_1/h_2 减小而增大。也就是说，同一内孤立波振幅 $|a_d|/h$，上下层流体深度比 h_1/h_2 越小，FPSO 受到的水平力最大值越大。观察图 3-21 发现，对于大振幅内孤立波工况，系列实验结果与预报结果误差较大，原因是进行实验时，大振幅工况总是在小振幅工况之后进行，随实验次数增加，上下层流体混合严重。同时还发现上下层流体深度比较小的 $h_1/h_2=10/90$ 工况下，系列实验结果与预报结果误差较大，原因是该工况上层流体厚度较薄，实验中进行分层时极易出现上下层流体混合，导致实验结果误差增大。通过对比可知，除个别工况外，各工况实验结果与理论预报结果的相对误差均在 10% 以内。

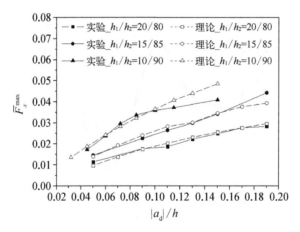

图 3-21　浪向角 $\alpha = 0°$ 时 FPSO 水平总力理论预报、
　　　　　实验结果比较

以上分析主要针对 FPSO 迎浪情况，接下来讨论 FPSO 顺浪（浪向角为 180°）情况。图 3-22(a)所示为上下层流体深度比 $h_1/h_2=15/85$、内孤立波振幅 $|a_d|/h=0.09$ 时，理论预报的水平摩擦力与数值模拟的水平摩擦力的时历比较。内孤立波以 180° 从 FPSO 尾端入射时，水平摩擦力仍随时间增加先增大后减小，理论预报结果与数值模拟结果的相对误差为 11%。图 3-22(b)所示为同一工况下 FPSO 受到的无因次水平总力实验、数值计算和理论预报结果的时历对比。三者的时历变化趋势均为水平总力随时间增加先增加，在某一时刻达到最大值，之后随时间增加逐渐减小，再转为负向增加而逐渐达到最小值，之后再逐渐减小为零。其时历变化与迎浪（浪向角为 0°）情况相同。

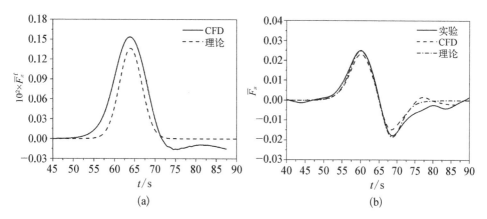

图 3 - 22　$h_1/h_2 = 15/85$，$|a_d|/h = 0.09$ 时水平总力和水平摩擦力
理论预报、数值模拟结果比较

（a）无因次水平摩擦力；（b）无因次水平总力

图 3 - 23 所示为 FPSO 顺浪（浪向角为 $180°$）、三个分层比工况时，FPSO 无因次内孤立波水平总力最大值的理论预报与实验结果随内孤立波振幅的变化情况。与浪向角为 $0°$ 工况一致，该条件下水平力最大值随内孤立波振幅增加而近似呈线性增加，线性斜率则随上下层流体深度比 h_1/h_2 减小而增大。同样地，由于上层流体厚度较薄的 $h_1/h_2 = 10/90$ 工况中上下层流体更易出现严重混合，因而实验结果与理论预报结果相对误差较大。除此之外，其他工况相对误差均在 10% 以内。

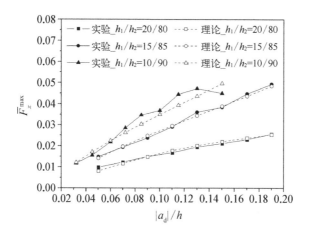

图 3 - 23　浪向角为 $180°$ 时 FPSO 水平总力理论预报、实验结果比较

接着讨论 FPSO 斜浪（浪向角为 $45°$ 和 $135°$）工况。图 3 - 24 所示为浪向角为 $45°$ 和 $135°$ 时，上下层流体深度比 $h_1/h_2 = 15/85$、内孤立波振幅 $|a_d|/h = 0.09$ 工

况中，无因次水平波浪压差力和黏性力时历变化。波浪压差力变化为前半段随时间增加先增大至最大值后减小至零，后半段从零小幅减小至最小值，再逐渐增大至零。而无因次黏性力随时间增加先增大至最大值后减小至零。波浪压差力最大值与黏性力最大值之间存在相位差，黏性力最大值约为波浪压差力最大值的 1/10。

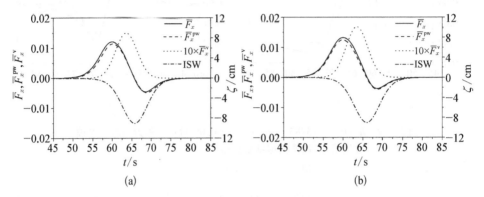

图 3 - 24　$h_1/h_2 = 15/85$，$|a_d|/h = 0.09$ 时无因次水平
波浪压差力和黏性力理论预报结果
(a) 浪向角为 45°；(b) 浪向角为 135°

将水平摩擦力从黏性力中分离出来，图 3 - 25 所示为浪向角 45°和 135°时，上下层流体深度比 $h_1/h_2 = 15/85$、内孤立波振幅 $|a_d|/h = 0.09$ 工况的无因次水平摩擦力时历结果。摩擦力随时间增加先增大至最大值后减小至零，且两个浪向角工况的水平摩擦力保持一致。

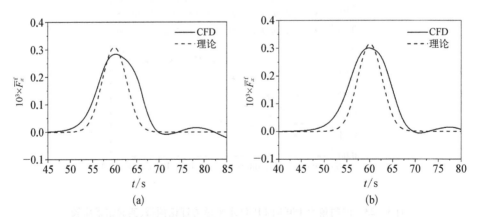

图 3 - 25　$h_1/h_2 = 15/85$，$|a_d|/h = 0.09$ 时无因次水平摩擦力理论
预报结果与数值模拟结果时历曲线
(a) 浪向角为 45°；(b) 浪向角为 135°

图 3-26 所示为 FPSO 斜浪(浪向角为 45°和 135°)情况,上下层流体深度比 $h_1/h_2=15/85$、内孤立波振幅 $|a_d|/h=0.09$ 工况时,FPSO 无因次内孤立波水平总力系列实验、数值计算和理论预报的时历结果对比。由于黏性力最大值仅为波浪压差力最大值的 1/10,在波浪压差力与黏性力叠加时,水平总力时历特性与波浪压差力时历变化趋势是一样的,即随时间增加先增大至最大值,之后减小至零,之后随时间增加减小至最小值,之后又增大至零。

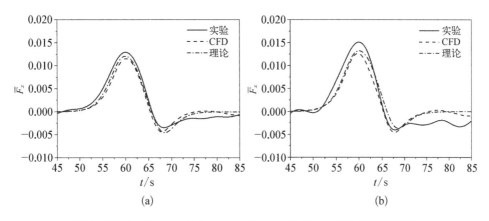

图 3-26 $h_1/h_2=15/85$,$|a_d|/h=0.09$ 时,水平总力理论预报、数值模拟与实验结果比较

(a) 浪向角为 45°;(b) 浪向角为 135°

图 3-27 所示为 FPSO 斜浪(浪向角为 45°和 135°)情况下,三个上下层流体深度比的 FPSO 无因次内孤立波水平总力最大值理论预报结果和实验结果随内孤立波振幅变化情况。观察图 3-27 可知,斜浪作用时,水平力最大值随内孤立

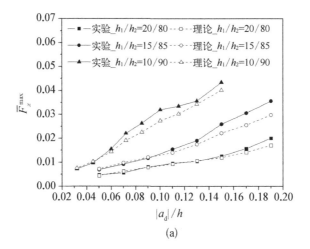

(a)

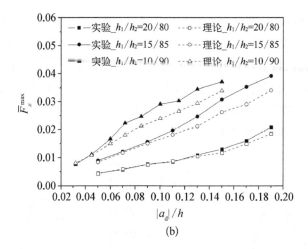

(b)

图 3 - 27　浪向角为 45°和 135°时水平总力理论预报、实验结果比较

（a）浪向角为 45°；（b）浪向角为 135°

波振幅增加而增大，并且发现内孤立波振幅较大时，理论预报结果与实验结果相对误差逐渐增大；同一振幅时，水平力最大值随上下层流体深度比 h_1/h_2 减小而增大，且上下层流体深度比最小的 $h_1/h_2=10/90$ 工况的理论预报结果与实验结果的相对误差逐渐增大。对比图 3 - 27（a）和（b）发现，浪向角为 45°和 135°的情况下，在同一内孤立波振幅作用下的水平力最大值较接近。所有分析工况的内孤立波水平总力最大值的理论预报结果与系列实验结果的相对误差均在 15%以内。

利用 Froude - Krylov 公式和式（3 - 18）对 FPSO 横浪（浪向角为 90°）工况进行内孤立波载荷理论预报计算。图 3 - 28 所示为上下层流体深度 $h_1/h_2=$

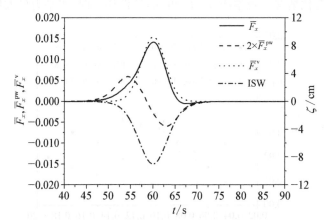

图 3 - 28　$h_1/h_2=15/85$，$|a_d|/h=0.09$ 时无因次水平波浪压差力和黏性力理论预报结果

15/85、内孤立波振幅 $|a_d|/h = 0.09$ 工况下,FPSO 无因次波浪压差力和黏性力时历变化。浪向角为 90°时,FPSO 模型沿内孤立波传播方向的有效投影尺度小,FPSO 迎流面和背流面压差较小,波浪压差力的幅值也较小,但其随时间变化趋势仍为先增大至最大值后减小至零,再转为负向增大至最小值后增大至零。而黏性力则由于 FPSO 对流体阻碍作用较大而变大,其变化趋势为随时间增加先增大后减小。从载荷幅值上看,波浪压差力最大值约为黏性力最大值的 $1/4$。

图 3-29 所示为 FPSO 横浪(浪向角为 90°)时,分层比 $h_1/h_2 = 15/85$、内孤立波振幅 $|a_d|/h = 0.09$ 工况下,FPSO 无因次水平总力系列实验、数值计算和理论预报结果时历特性对比。观察图 3-29 可知,内孤立波从无限远处传来,波浪压差力和黏性力均有所增大,水平力快速增大;内孤立波传播至某一位置,波浪压差力达到最大值,黏性力为正且保持增大,因而水平力变大,速度开始变缓;内孤立波波谷传播至 FPSO 中线面附近时,波浪压差力越过最大值逐渐减小至零,黏性力逐渐增大至最大值,水平力也缓慢增大至最大值;之后内孤立波越过 FPSO 中线面,波浪压差力进一步减小,黏性力也快速减小,水平力快速减小;至某一位置,波浪压差力达到最小值,黏性力为正且减小趋势变缓,此时水平力达到最小值;之后随着波浪压差力逐渐增大至零,水平力也从最小值逐渐增大至零。

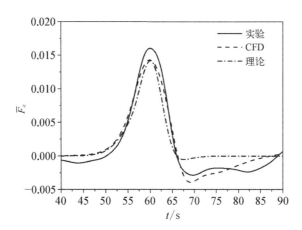

图 3-29　$h_1/h_2 = 15/85$,$|a_d|/h = 0.09$ 时水平总力
理论预报、数值模拟与实验结果比较

图 3-30 所示为 FPSO 横浪(浪向角为 90°)、三个上下层流体深度比工况时,水平力最大值的实验与理论预报结果的对比。通过对比发现,无因次水平力最大值随内孤立波振幅的增加呈增加趋势,且同一振幅时,水平力最大值随上下层流体深度比 h_1/h_2 减小而增加。与系列实验结果相比较,上下层流体深度比

$h_1/h_2=20/80$ 和 $h_1/h_2=15/85$ 时理论预报结果较吻合,相对误差均在 10% 以内;而上层流体较薄的 $h_1/h_2=10/90$,因实验过程中上下层流体混合严重等问题,理论预报结果与实验结果相对误差较大。

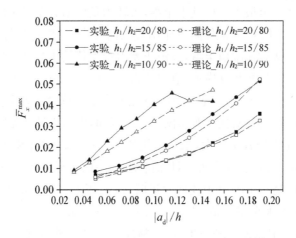

图 3-30　浪向角为 90°时 FPSO 水平总力理论预报、实验结果比较

3.4.3　横向力载荷特性

根据 Froude-Krylov 公式和式(3-15)、式(3-17)构建内孤立波横向力载荷理论预报模型,并利用该模型对 FPSO 斜浪(浪向角为 45°和 135°)工况时的 FPSO 内孤立波横向力进行载荷预报。

图 3-31 所示为上下层流体深度比 $h_1/h_2=15/85$、内孤立波振幅 $|a_d|/h=0.09$ 时,内孤立波横向力构成成分的时历变化特性。观察图 3-31 可知,波浪压差力和黏性力变化趋势相反。FPSO 首斜浪(浪向角为 45°)时,波浪压差力随时间增加先减小至最小值后增大至零,黏性力则随时间先增大至最大值后减小至零。FPSO 尾斜浪(浪向角为 135°)时,波浪压差力和黏性力的时历变化与首斜浪工况恰好相反。两个分量合成横向总力时,波浪压差力各时刻的值较黏性力的值更大,因而横向力时历变化趋势与波浪压差力保持相同。

图 3-32 所示为 FPSO 斜浪(浪向角为 45°和 135°)、上下层流体深度比 $h_1/h_2=15/85$、内孤立波振幅 $|a_d|/h=0.09$ 时,FPSO 横向力随时间变化特性的系列实验、数值模拟和理论预报结果的比较。采用各方法获得的 FPSO 首斜浪(浪向角为 45°)时的横向力随时间增加均先减小后增大,理论预报结果的时历变化趋势与实验和数值计算的结果相一致;FPSO 尾斜浪(浪向角为 135°)情况下的理论预报结果与系列实验结果也符合良好。

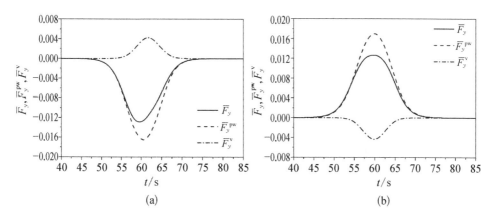

图 3 - 31　$h_1/h_2 = 15/85$，$|a_d|/h = 0.09$ 时横向波浪压差力和黏性力理论预报结果

(a) 浪向角为 45°；(b) 浪向角为 135°

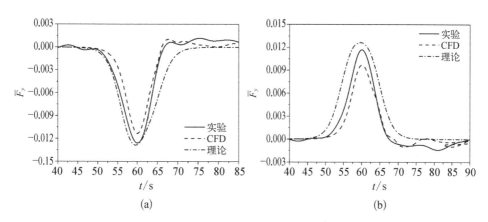

图 3 - 32　$h_1/h_2 = 15/85$，$|a_d|/h = 0.09$ 时无因次横向力系列实验、理论预报与数值模拟结果时历曲线

(a) 浪向角为 45°；(b) 浪向角为 135°

　　图 3 - 33 所示为 FPSO 斜浪（浪向角为 45°和 135°）下，三个上下层流体深度比时，不同振幅内孤立波作用下的 FPSO 横向力幅值的理论预报结果与系列实验结果的对比。观察图 3 - 33 可知，FPSO 横向力幅值随内孤立波振幅增大而增大，随上下层流体深度比减小而增大。也就是说，作用于 FPSO 的内孤立波振幅越大，横向力越大；同一振幅内孤立波作用时，上层流体越薄，横向力也越大。将横向力幅值的理论预报值与系列实验值进行对比，两者吻合较好，相对误差均在 15%以内。

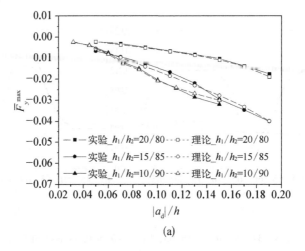

(a)

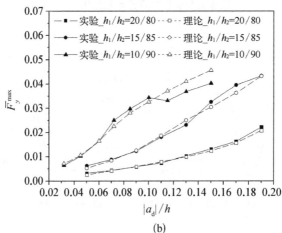

(b)

图 3 - 33 FPSO 横向总力理论预报、实验结果比较

(a) 浪向角为 45°;(b) 浪向角为 135°

3.4.4 垂向力载荷特性

由图 3 - 9 的载荷构成成分分析可知,FPSO 内孤立波垂向力中黏性力很小,在载荷预报中可予以忽略,FPSO 内孤立波垂向力可通过利用 Froude - Krylov 公式计算波浪压差力而获得。

图 3 - 34 所示为浪向角为 $0° \sim 180°$ 作用下,上下层流体深度比 $h_1/h_2 = 20/80$、内孤立波振幅 $|a_d|/h = 0.09$ 工况中,FPSO 无因次垂向力系列实验结果、数值计算结果和理论预报结果的时历对比。由于 FPSO 始终处于上层流体

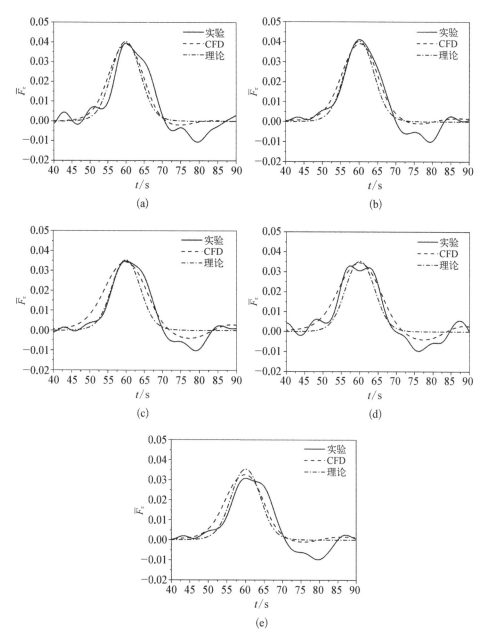

图 3-34　$h_1/h_2 = 20/80$，$|a_d|/h = 0.09$ 时无因次垂向力
理论预报、数值模拟与实验结果比较

(a) $\alpha = 0°$；(b) $\alpha = 180°$；(c) $\alpha = 45°$；(d) $\alpha = 135°$；(e) $\alpha = 90°$

中,动压力始终为正,因而各个浪向角下 FPSO 无因次垂向力始终为正。从时历变化趋势上看,垂向力随时间增加先增大至最大值后减小至零,且理论预报结果与实验结果和数值计算结果吻合良好。

图 3 - 35 所示为利用理论预报模型预报的 FPSO 与内孤立波间浪向角为 $0°\sim180°$,上下层流体深度比 $h_1/h_2=20/80$ 时,所有内孤立波振幅工况的无因次内孤立波垂向力最大值与系列实验结果的对比。由图 3 - 35 可见,FPSO 无因次内孤立波垂向力最大值随内孤立波振幅增大而增大。浪向角为 $0°$、$180°$、$45°$和 $135°$时,无因次垂向力幅值理论预报结果与实验结果较符合,相对误差均在 10%以内;而浪向角为 $90°$时,由于在 FPSO 舯部会产生大量舯涡及受实验水槽壁面影响,无因次垂向力幅值理论预报结果与系列实验结果误差略大。此外,观察图 3 - 35 发现,浪向角对垂向力最大值的影响较小。迎浪(浪向角为 $0°$)和顺

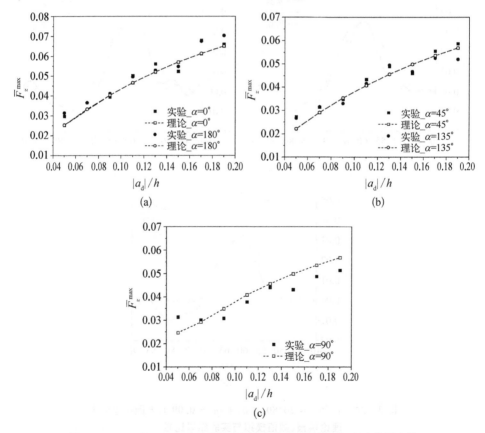

图 3 - 35 $h_1/h_2=20/80$ 时 FPSO 垂向总力理论预报、实验结果比较

(a) $\alpha=0°$、$\alpha=180°$;(b) $\alpha=45°$、$\alpha=135°$;(c) $\alpha=90°$

浪(浪向角为 180°)工况、首斜浪(浪向角为 45°)和尾斜浪(浪向角为 135°)工况,理论预报结果完全相同,这是由于这两对工况仅 FPSO 迎流端不同,FPSO 沿内孤立波波向投影长度相同,吃水深度也相同,因而 FPSO 底部的动压力相同。

3.5　本章小结

本章以深海 FPSO 为对象,基于 KdV、eKdV 和 MCC 内孤立波理论,结合 Froude - Krylov 公式和黏性力公式,建立了 FPSO 与内孤立波间遭遇角度为 0°～360°作用下 FPSO 内孤立波载荷理论预报模型。此外,基于第 2 章的系列实验结果,回归确定了内孤立波黏性力公式中摩擦力系数 C_{fx}、C_{fy} 和黏压阻力的修正系数 K_x、K_y 的计算方法以及 FPSO 横浪情况的黏性力系数 C_{vr_90} 的计算方法。

FPSO 内孤立波水平总力可分解为波浪压差力和黏性力两部分。波浪压差力可采用 Froude - Krylov 公式,通过对吃水线以下的湿表面压力求积分获得。浪向角 $\alpha = 90°$时,FPSO 周围界层分离严重,黏性力可基于黏性力系数,利用黏性力计算式求得;浪向角 $\alpha \neq 90°$时,黏性力可分为摩擦力和黏性压差力两部分,摩擦力基于摩擦力系数利用摩擦力公式获得,黏性压差力利用修正系数进行折算。利用载荷系列实验结果,提出浪向角 $\alpha \neq 90°$时水平摩擦力系数和修正系数由

$$\begin{cases} C_{fr} = \dfrac{10.83}{[\lg(Re)-2]^{7.48}} \\ (1-h_1/h)^4 KC^3 K_x = 731.3(1-h_1/h)^{29.16} KC^{\frac{2.413}{(1-h_1/h)^{5.83}}} \end{cases}$$

计算,浪向角 $\alpha = 90°$ 时黏性力系数由

$$\frac{C_{vr\_90} KC^3}{(1-h_1/h)^2} = 1.125(1.25 - h_1/h) e^{0.882KC}$$

计算得到。经与系列实验结果对比,内孤立波水平力理论预报方法结果吻合良好。上层流体较薄的 10/90 工况,由于上下层流体极易混合,导致相对误差略大,其他工况误差均在 15% 以内。

FPSO 横向力重点关注浪向角为 45°和浪向角为 135°的工况,横向力也可分为波浪压差力和黏性力。波浪压差采用 Froude - Krylov 公式,通过对湿表面压力求积

分获得。黏性力分解为摩擦力和黏性压差力,摩擦力基于摩擦力系数利用摩擦力公式获得,黏性压差利用修正系数进行折算。经载荷系列实验结果回归,提出摩擦力系数可由 $\dfrac{C_{fy}\cos\alpha}{(1-h_1/h)^3}=[1.043/(h_1/h)^2-15.16/(h_1/h)+66.96]e^{7.05[\lg(Re)-2]}$ 计算,而修正系数可由 $(1-h_1/h)^2\mathrm{KC}^3K_y=-(17.24\mathrm{KC}^{6.429}+7.157)+5(1-h_1/h)$ 计算。内孤立波横向力预报结果与系列实验结果吻合较好,相对误差均在 15% 以内。

FPSO 垂向总力中占绝对主导的是 Froude - Krylov 力,可以用内孤立波诱导的瞬时压力沿吃水线以下湿表面求面积分得到。FPSO 始终在上层流体中,动压力始终为正,积分后的垂向力也始终为正。波的振幅越大垂向力越大,但上下层流体深度比和浪向角改变时,垂向力保持不变。垂向力预报结果与系列实验结果吻合较好。

第 4 章

FPSO 内孤立波载荷尺度效应分析

关于内孤立波对海洋结构物的作用特性,学者们已经有了一些初步的认识,但仍有许多机理性问题有待研究,如深海浮式结构物内孤立波载荷受流体黏性的影响、利用载荷预报方法计算实尺度的深海浮式结构物内孤立波载荷的合理性等。

本书第 3 章建立了可应用于工程实际计算的 FPSO 浮体内孤立波载荷预报模型。对于内孤立波诱导的水平力,黏性力部分采用经系列实验回归的摩擦阻力系数和形状修正因数算得,水平波浪压差力部分采用水平 Froude - Krylov 公式进行计算。垂向力主要由垂向波浪压差力组成,采用 Froude - Krylov 公式计算。这些计算方法是基于系列实验结果得到的,其在实验模型尺度下有较好的适用性,但该预报模型对实尺度结构物的载荷计算是否同样适用则尚不清楚,有待进一步验证。

从已探明的载荷构成成分可知,实验模型尺度情况下,由于黏性效应引起的摩擦力、黏性压差力与波浪压差力相比均为小量。但随着计算模型从实验模型尺度增大到工程实尺度,内孤立波诱导的速度场和压力场会发生变化,此时流场变化引起的内孤立波载荷及其各构成成分的改变尚不清楚,需要进一步探明。

本章采用第 3 章构建的 FPSO 与内孤立波相互作用的数值水槽,针对不同尺度的 FPSO 模型,计算内孤立波中 FPSO 的载荷特性,研究计算模型尺度对载荷的影响,辨明内孤立波载荷各构成成分的变化规律,对 FPSO 浮体内孤立波预报模型在实尺度工况的适用性进行验证。

4.1 计算模型

结合载荷系列实验方案和 FPSO 真实尺度,以实验模型尺度为基准,分别选取如表 4-1 所示的三种尺度比模型 $\lambda = 1:1$、$20:1$ 和 $300:1$ 进行系列数值计算,研究 FPSO 模型尺度变化对内孤立波载荷的影响。

表 4-1 三个尺度比的数值模型

尺度比 λ	水槽长 l/m	水槽宽 b/m	总水深 h/m	FPSO 浮体尺度 $L_{wl} \times B \times d/(m \times m \times m)$
$1:1$	30	0.6	1	$0.51 \times 0.107 \times 0.035$
$20:1$	600	12	20	$10.2 \times 2.14 \times 0.7$
$300:1$	9 000	180	300	$153 \times 32.1 \times 10.5$

系列数值计算工况的选取如下:FPSO 与内孤立波遭遇的浪向角以 $0°$ 工况为例,上下层流体深度比与系列实验工况保持一致,分别取 $h_1:h_2 = 10:90$、$15:85$ 和 $20:80$,上下层流体密度也与系列实验工况保持一致,分别为 $\rho_1 = 998 \text{ kg/m}^3$ 和 $\rho_2 = 1\,025 \text{ kg/m}^3$。对于 $h_1:h_2 = 15:85$ 和 $20:80$ 工况,内孤立波振幅分别取 $|a_d|/h = 0.05$、0.07、0.09、0.11 和 0.13,对于 $h_1:h_2 = 10:90$ 工况,内孤立波振幅分别取 $|a_d|/h = 0.045$、0.06、0.072、0.085 和 0.1,用于生成内孤立波波形的内孤立波理论参照表 2-2 进行选取。

F_x、F_z 分别定义为 FPSO 内孤立波水平力、垂向力,其无因次化分别为 $\overline{F_x} = F_x/(\rho_1 g S_x d)$ 和 $\overline{F_z} = F_z/(\rho_1 g S_z d)$;$F_x^f$、$F_x^{pw}$、$F_x^{pv}$ 定义为 FPSO 浮体受到的内孤立波水平摩擦力、波浪压差力和黏性压差力,其无因次化形式为 $\overline{F_x^f} = F_x^f/(\rho_1 g S_x d)$、$\overline{F_x^{pw}} = F_x^{pw}/(\rho_1 g S_x d)$ 和 $\overline{F_x^{pv}} = F_x^{pv}/(\rho_1 g S_x d)$;$F_z^f$、$F_z^{pw}$、$F_z^{pv}$ 定义为 FPSO 浮体受到的内孤立波垂向摩擦力、波浪压差力和黏性压差力,其无因次化后可表达为 $\overline{F_z^f} = F_z^f/(\rho_1 g S_z d)$、$\overline{F_z^{pw}} = F_z^{pw}/(\rho_1 g S_z d)$ 和 $\overline{F_z^{pv}} = F_z^{pv}/(\rho_1 g S_z d)$;同时定义内孤立波传播的特征时间为 $\bar{t} = t/\sqrt{\lambda}$,其中 λ 为计算 FPSO 模型尺度相对于系列实验模型尺度的尺度比。

在数值水槽中准确可控地生成大尺度内孤立波是采用数值模拟方法研究 FPSO 内孤立波载荷尺度效应的前提。图 4-1 所示为尺度比 $\lambda = 300:1$ 数值水槽中,上下层流体深度比 $h_1:h_2 = 20:80$,内孤立波设计振幅 $a_d/h = 0.11$ 时,下凹型内孤立波数值造波结果,该计算工况适用 eKdV 理论进行内孤立波波形模拟。对比结果表明,大尺度下数值模拟所得内孤立波振幅达到设计振幅,且数值模拟波形与理论波形吻合较好,证明采用第 3 章所述的数值方法在大尺度下仍能得到可靠的内孤立波数值波形。

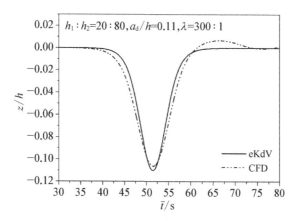

图 4-1　内孤立波数值模拟波形与理论波形对比

4.2　内孤立波载荷模型实验尺度效应分析

4.2.1　内孤立波水平力的尺度效应

针对 $h_1 : h_2 = 20 : 80$、$a_d/h = 0.11$ 工况,利用表 4-1 所列的三个尺度比数值水槽进行 FPSO 内孤立波水平力的系列计算。图 4-2 所示为三个尺度比模型计算得到的无因次内孤立波水平力数值模拟结果与系列实验结果的时历变化特性对比。系列实验测量得到的无因次内孤立波水平力最大值为 1.986×10^{-2},实验模型尺度的数值水槽模拟得到的无因次水平力最大值为 1.967×10^{-2},尺度比 $\lambda = 20 : 1$ 和 $300 : 1$ 的数值水槽模拟得到的 FPSO 无因次水平力最大值则分别为 1.84×10^{-2} 和 1.811×10^{-2}。对比结果可知,FPSO 模型尺度增大时,无因次内孤立波水平力随时间变化趋势保持不变,最大值则会有所减小。

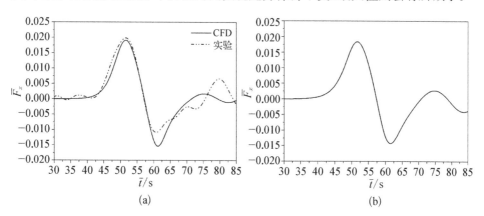

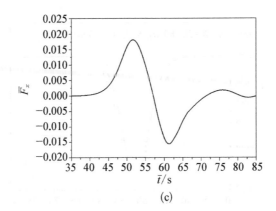

图 4-2 $h_1 : h_2 = 20 : 80$ 时,FPSO 浮体内孤立波无因次水平力时历特性

(a) $\lambda = 1 : 1$; (b) $\lambda = 20 : 1$; (c) $\lambda = 300 : 1$

同样地,对 $h_1 : h_2 = 15 : 85$ 分层,选取内孤立波振幅 $a_d/h = 0.11$ 工况进行数值模拟。图 4-3 所示为无因次内孤立波水平力数值结果和系列实验结果的

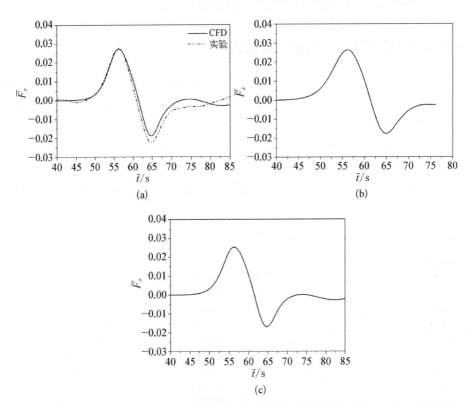

图 4-3 $h_1 : h_2 = 15 : 85$ 时,FPSO 浮体内孤立波无因次水平力时历特性

(a) $\lambda = 1 : 1$; (b) $\lambda = 20 : 1$; (c) $\lambda = 300 : 1$

时历特性对比。系列实验测得的无因次内孤立波水平力最大值为 2.781×10^{-2}，$\lambda = 1:1$、$20:1$ 和 $300:1$ 尺度比模型数值模拟得到的无因次内孤立波水平力最大值分别为 2.715×10^{-2}、2.638×10^{-2} 和 2.551×10^{-2}。对比结果可知，实验模型尺度的数值模型计算结果与系列实验结果吻合较好，相对误差为 2.3%，但当计算模型尺度增大时，数值计算结果与模型系列实验结果随时间变化趋势保持一致，最大值有所减小。

　　同样地，对于 $h_1 : h_2 = 10:90$ 分层，图 4-4 为内孤立波振幅 $a_d/h = 0.085$ 时的 FPSO 浮体无因次内孤立波水平力时历特性。结果表明，$\lambda = 1:1$ 模型尺度的数值模拟结果与系列实验结果随时间变化趋势保持一致，最大值相对误差为 3.4%。当计算模型尺度增大时，水平力最大值会减小。

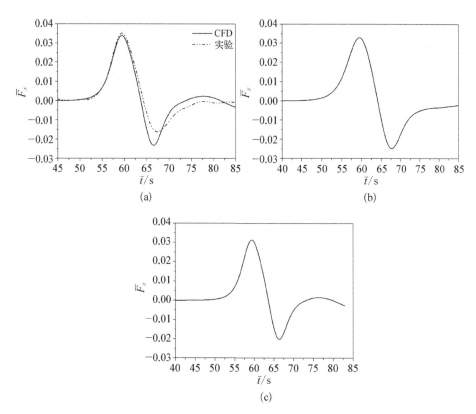

图 4-4　$h_1 : h_2 = 10:90$ 时，FPSO 浮体内孤立波无因次水平力时历特性

(a) $\lambda = 1:1$；(b) $\lambda = 20:1$；(c) $\lambda = 300:1$

　　为进一步探明计算模型尺度对 FPSO 内孤立波水平力的影响机理，研究直接利用系列实验结果换算得到真实尺度 FPSO 内孤立波水平力的合理性，利用三个尺度比数值模型对系列分层、系列内孤立波振幅的内孤立波与 FPSO 的相互作用进行系列数值模拟。图 4-5 所示为利用 $\lambda = 1:1$、20:1 和 300:1 三个尺度比数值模型计算得到的无因次内孤立波水平力最大值数值模拟结果与系列实验结果的对比。对比表明，$\lambda = 1:1$ 的数值模型计算结果与系列实验结果普遍吻合良好，说明数值计算方法是合理的。进一步对比三个尺度比模型计算结果可知，随计算模型尺度增大，数值模拟的无因次内孤立波水平力最大值均有所减小。并且发现，当内孤立波振幅较小时，各尺度比模型计算结果差异较小，说明作用的内孤立波振幅较小时，内孤立波水平力受 FPSO 模型尺度影响不大。但随着内孤立波振幅增大，各尺度比模型的模拟结果差异逐渐明显，从具体数值对比发现，系列工况的计算结果相差均在 10% 以内。

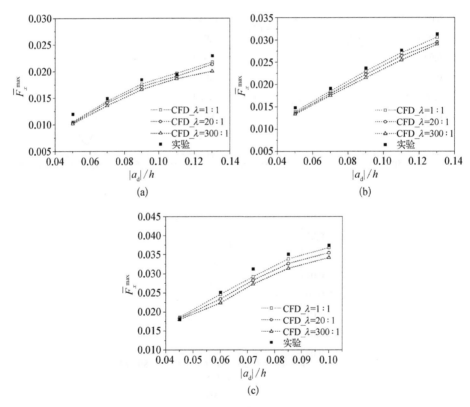

图 4-5 不同尺度比情况下 FPSO 内孤立波无因次水平力幅值比较

(a) $h_1:h_2 = 20:80$；(b) $h_1:h_2 = 15:85$；(c) $h_1:h_2 = 10:90$

为了进一步探明计算模型尺度对内孤立波载荷的影响，分析内孤立波载荷各构成成分的尺度效应问题，利用缩尺比 $\lambda = 1:1$、20:1 和 300:1 的三个尺度比数值值模型对两种情况进行模拟计算,一种工况考虑流体动力黏性系数 $\upsilon = 1.03 \times 10^{-6}\ \mathrm{m^2/s}$,称为 N-S 有黏性模拟;另一种不考虑流体动力黏性系数,取 $\upsilon = 0$,称为欧拉无黏性模拟。可利用 N-S 模拟进行结果分解获得内孤立波摩擦力、压差力;再利用欧拉模拟直接得到内孤立波波浪压差力;之后用 N-S 模拟分解得到的压差力成分减去欧拉模拟得到的波浪压差力,获得内孤立波作用的黏性压差力。

图 4-6 所示为上下层流体深度比 $h_1 : h_2 = 20 : 80$,内孤立波振幅 $|a_d|/h = 0.11$ 时的内孤立波水平力各个构成成分的时历变化特性,图 4-7 所示为上下层流体深度比 $h_1 : h_2 = 15 : 85$,内孤立波振幅 $|a_d|/h = 0.11$ 工况的相关计算结果,图 4-8 所示则为上下层流体深度比 $h_1 : h_2 = 10 : 90$,内孤立波振幅 $|a_d|/h = 0.072$ 工况的数值模拟结果。对比所列工况的内孤立波水平力各个构成成分发现,波浪压差力均为水平力的主要构成成分,摩擦力和黏性压差力与波浪压差力相比数值较小,此外摩擦力会随着计算模型尺度变大进一步呈量级减小。

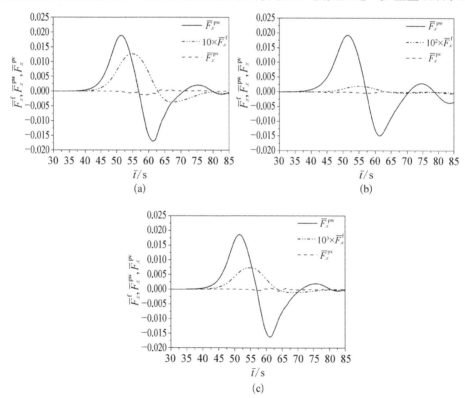

图 4-6　$h_1 : h_2 = 20 : 80$,$|a_d|/h = 0.11$ 时不同尺度比工况的
无因次水平力载荷成分时历特性

(a) $\lambda = 1 : 1$;(b) $\lambda = 20 : 1$;(c) $\lambda = 300 : 1$

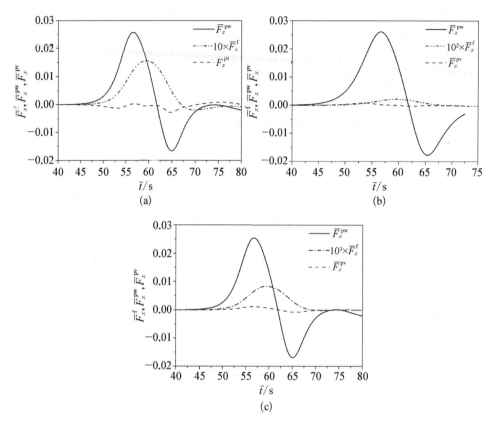

图 4 - 7 $h_1 : h_2 = 15 : 85$, $| a_d | / h = 0.11$ 时不同尺度比工况时的
无因次水平力载荷成分时历特性

(a) $\lambda = 1 : 1$；(b) $\lambda = 20 : 1$；(c) $\lambda = 300 : 1$

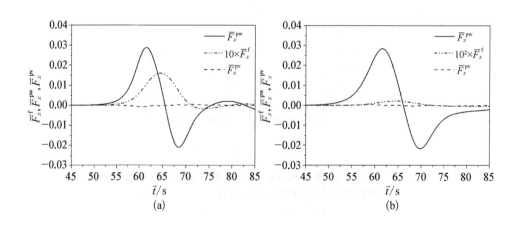

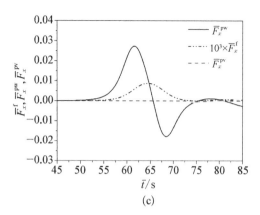

图 4 - 8　$h_1 : h_2 = 10 : 90$, $|a_d|/h = 0.072$ 时不同尺度比工况的无因次水平力载荷成分时历特性

(a)$\lambda = 1 : 1$;(b)$\lambda = 20 : 1$;(c)$\lambda = 300 : 1$

下面具体分析内孤立波水平力的各个载荷成分的尺度效应问题。波浪压差力是由水质点扰动而形成的,在水平力中占主要成分。图 4 - 9 所示为针对三个典型上下层流体深度比、内孤立波振幅工况,利用 $\lambda = 1 : 1$、$20 : 1$ 和 $300 : 1$ 三个尺度比模型计算得到的水平波浪压差力时历结果。从时历变化趋势来看,各尺度比模型模拟结果遵循同样的规律,即随时间增加,水平波浪压差力先增大后减小,再转向负向增大而后减小为零。对比幅值来看,各振幅工况下水平波浪压差力最大幅值结果非常接近,误差均在 5% 以内,水平波浪压差力最小幅值结果的相对误差在 10% 以内,说明计算模型尺度增大对水平波浪压差力的影响较小。

图 4 - 10 所示为利用 $\lambda = 1 : 1$、$20 : 1$ 和 $300 : 1$ 尺度比数值模型模拟的不同上下层流体深度比情况,水平波浪压差力幅值随内孤立波振幅的变化情况。随内孤立波振幅增大,水平波浪压差力最大/最小值均呈近乎线性增长趋势。不同尺度比计算模型计算得到的波浪压差力最大值保持一致,相对误差均在 5% 以内;不同尺度比计算模型计算的波浪压差力最小值也相差不大,相对误差在 15% 以内。以上对比说明,波浪压差力受模型尺度影响较小,其尺度效应不明显。

内孤立波水平力的第二个构成成分是水平摩擦力,主要是由流体黏性导致的。图 4 - 11 所示为利用 $\lambda = 1 : 1$、$20 : 1$ 和 $300 : 1$ 尺度比计算模型计算的三个典型内孤立波振幅工况时,内孤立波水平摩擦力时历结果。从时历变化趋势上看,各尺度比计算模型获得的水平摩擦力保持一致;与幅值对比,计算模型尺度增大时水平摩擦力迅速减小,以试验模型尺度($\lambda = 1 : 1$)为基准,计算模型尺度增大 20 倍时水平摩擦力将减小 2 个量级,计算模型尺度增大 300 倍时无因次水平摩擦力则减小 4 个量级。以上对比说明,内孤立波水平摩擦力受模型尺度影响大,其尺度效应显著。

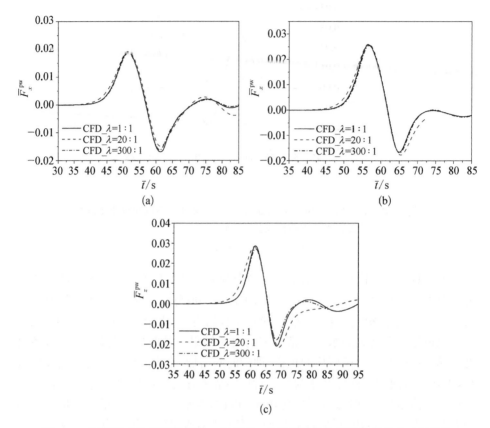

图 4 - 9 不同尺度比模型模拟的三个典型工况的无因次水平波浪压差力时历特性

(a) $h_1 : h_2 = 20 : 80$，$|a_d|/h = 0.11$；(b) $h_1 : h_2 = 15 : 85$，$|a_d|/h = 0.11$；

(c) $h_1 : h_2 = 10 : 90$，$|a_d|/h = 0.072$

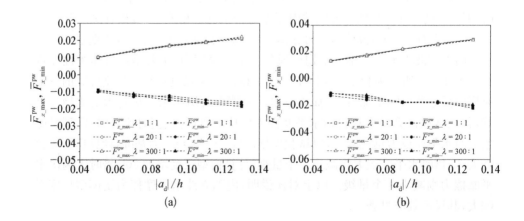

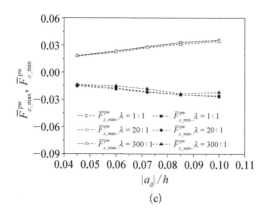

(c)

图 4 - 10　不同振幅工况的内孤立波无因次水平波浪压差力幅值

(a) $h_1 : h_2 = 20 : 80$; (b) $h_1 : h_2 = 15 : 85$; (c) $h_1 : h_2 = 10 : 90$

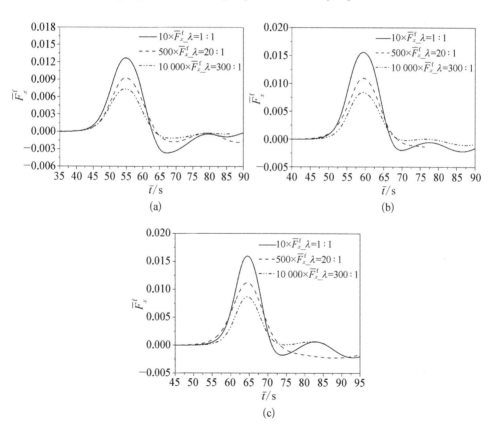

图 4 - 11　不同尺度比模型计算的无因次水平摩擦力时历特性

(a) $h_1 : h_2 = 20 : 80$, $|a_d| / h = 0.11$; (b) $h_1 : h_2 = 15 : 85$, $|a_d| / h = 0.11$;
(c) $h_1 : h_2 = 10 : 90$, $|a_d| / h = 0.072$

图 4-12 所示为不同上下层流体深度比时，水平摩擦力幅值随内孤立波振幅变化的情况。结果表明，随内孤立波振幅增加，水平摩擦力幅值近乎呈线性增大，但当计算模型尺度增大时水平摩擦力随内孤立波振幅增加而增加的速度逐渐变缓，且随计算模型尺度变大而水平摩擦力幅值呈现减小趋势。说明对于内孤立波水平摩擦力，采用模型尺度系列试验结果直接换算得到实尺度模型结果时，FPSO 内孤立波水平摩擦力将会被高估。

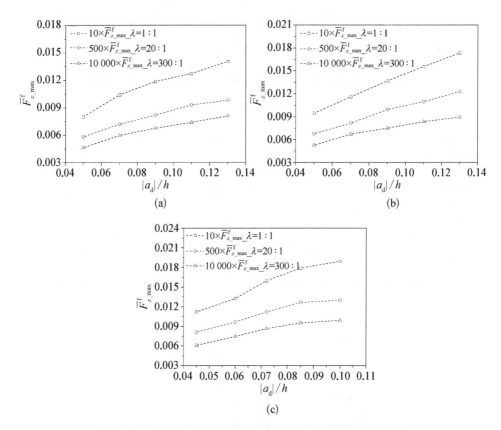

图 4-12 无因次水平摩擦力幅值随内孤立波振幅变化的情况
(a) $h_1 : h_2 = 20 : 80$；(b) $h_1 : h_2 = 15 : 85$；(c) $h_1 : h_2 = 10 : 90$

黏性压差力是内孤立波载荷的第三个组成成分，其形成原因主要与结构物形状特征、流体黏性等有关。图 4-13 所示为不同上下层流体深度比情况下，内孤立波水平黏性压差力幅值随内孤立波振幅的变化。总体上，水平黏性压差力对内孤立波振幅增加近乎呈一水平线变化，可说明水平黏性压差力受内孤立波振幅的影响很小；但对比某一内孤立波振幅时不同尺度比计算模型的数值计算

结果,以试验模型尺度结果为基准进行比较,发现模型尺度增大 20 倍时水平黏
性压差力迅速减小约 1 个量级,计算模型尺度继续增加至 300 倍时水平黏性压
差力继续减小约 1 个量级。以上对比说明,计算模型尺度对水平黏性压差力的
影响也是显著的。

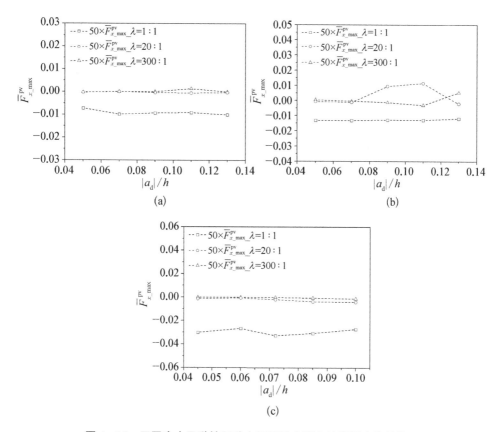

图 4 - 13　无因次水平黏性压差力幅值随内孤立波振幅变化的情况

(a) $h_1 : h_2 = 20 : 80$; (b) $h_1 : h_2 = 15 : 85$; (c) $h_1 : h_2 = 10 : 90$

　　综上,通过比较 $\lambda = 1 : 1$、$20 : 1$ 和 $300 : 1$ 三个尺度比计算模型的数值模拟
结果和系列实验结果,分析内孤立波水平力构成成分的尺度效应发现,波浪压差
力的尺度效应不明显,摩擦力和黏性压差力的尺度效应显著且随尺度比增大而
减小,因而内孤立波水平力尺度效应可归结于计算模型尺度不同时流体黏性效
应的影响不同。在水平总力构成中,波浪压差力为主要成分,摩擦力和黏性压差
力与之相比较为小量,且会随计算模型尺度增大而进一步减小,总体上可认为内
孤立波水平总力的尺度效应不明显。

4.2.2　垂向力尺度效应

对于内孤立波垂向力的尺度效应,同样利用$\lambda=1:1$、20:1和300:1三个尺度比数值模型进行模拟分析进行研究。图4-14所示为三个典型上下层流体深度比和内孤立波振幅工况下,利用三个尺度比计算模型数值模拟的无因次垂向力时历变化特性。从时历变化趋势上看,各尺度比计算模型算得的时历变化曲线保持一致,且与系列实验结果也保持一致;从垂向力幅值来看,以系列实验结果为对比基准,试验模型尺度($\lambda=1:1$)的数值模型计算结果与实验结果相比的相对误差在6%以内,$\lambda=20:1$和$\lambda=300:1$的数值模型计算结果与实验结果相比的相对误差则都在5%以内。对比结果说明,内孤立波垂向力受模型尺度影响较小,其尺度效应不显著。

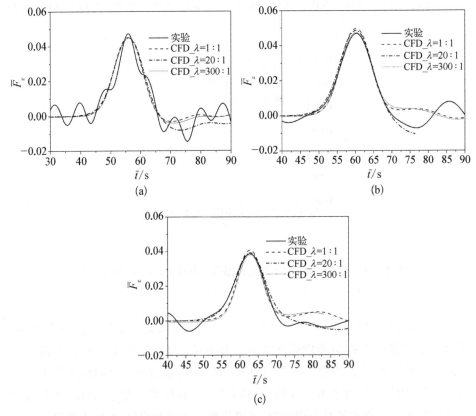

图4-14　典型内孤立波振幅工况无因次内孤立波垂向力时历特性

(a) $h_1:h_2=20:80$, $|a_d|/h=0.11$; (b) $h_1:h_2=15:85$, $|a_d|/h=0.11$;
(c) $h_1:h_2=10:90$, $|a_d|/h=0.085$

　　图 4-15 所示为系列分层、系列内孤立波振幅工况下，$\lambda=1:1$、$20:1$ 和 $300:1$ 三个尺度比模型的内孤立波垂向力幅值数值模拟结果与模型实验结果对比。结果表明，以系列实验结果为对比基准，$\lambda=1:1$ 模型计算得到的各振幅工况的数值模拟结果与实验结果相比最大相对误差为 6%，$\lambda=20:1$ 模型的模拟结果与实验结果相比的最大相对误差为 8%，$\lambda=300:1$ 模型的最大相对误差则为 9%。各尺度比计算模型计算的无因次垂向力最大幅值与实验结果一致性较好，说明计算模型尺度对内孤立波垂向力的影响不大，也说明基于无因次垂向力相等的思路，将系列实验结果直接换算得到真实尺度 FPSO 的内孤立波垂向力是合理可行的。

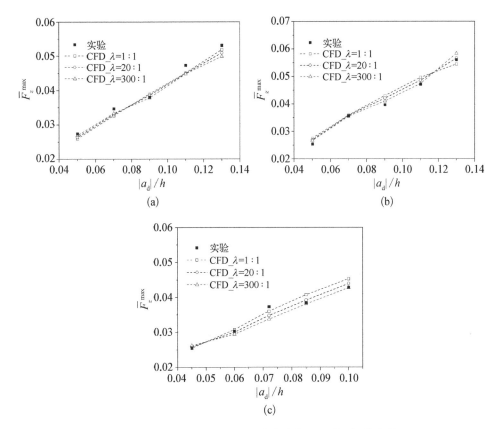

图 4-15　内孤立波垂向力最大值随内孤立波振幅的变化

(a) $h_1:h_2=20:80$；(b) $h_1:h_2=15:85$；(c) $h_1:h_2=10:90$

　　通过前述章节的分析可知，内孤立波垂向力由波浪压差力、摩擦力和黏性压差力三个部分组成。图 4-16 所示为上下层流体深度比 $h_1:h_2=20:80$、内孤

立波振幅 $|a_d|/h = 0.11$ 工况,不同尺度比计算模型数值模拟的内孤立波垂向波浪压差力、摩擦力和黏性压差力的时历变化结果。由图 4—16 可见,系列实验模型尺度($\lambda=1:1$)情况下,垂向摩擦力比波浪压差力约小 3 个量级,黏性压差力约小 1 个量级,这与前述章节得出的结论相一致。当计算模型尺度增大时,摩擦力迅速减小,黏性压差力也有所下降。具体地,计算模型尺度比 $\lambda=20:1$ 时,垂向摩擦力减小至比波浪压差力小 5 个量级,黏性压差力比波浪压差力约小 1 个量级;尺度比 $\lambda=300:1$ 时,垂向摩擦力减小至比波浪压差力小 6 个量级,黏性压差力则减小至比波浪压差力约小 2 个量级。可见,各个尺度比情况下,垂向摩擦力和垂向黏性压差力与垂向波浪压差力相比均为高阶小量,可以忽略,故可认为内孤立波垂向力主要由垂向波浪压差力(即垂向 Froude - Krylov 力)构成,分析内孤立波垂向力载荷成分的尺度效应,主要就是分析内孤立波垂向波浪压差力的尺度效应。

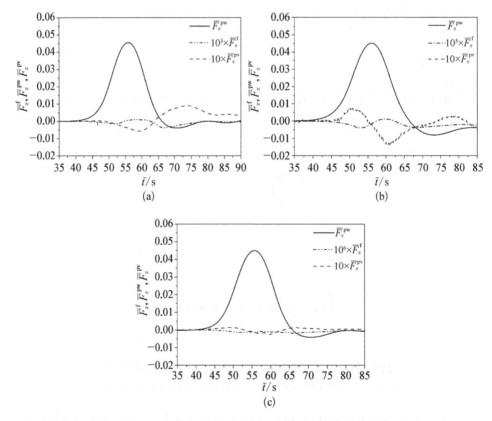

图 4 - 16　典型工况不同尺度比数值模型的无因次垂向力构成成分时历特性

(a)$\lambda=1:1$;(b)$\lambda=20:1$;(c)$\lambda=300:1$

图 4-17 所示为典型内孤立波振幅工况,利用 $\lambda = 1:1$、$20:1$ 和 $300:1$ 三个尺度比数值模型计算的无因次内孤立波垂向波浪力时历特性。从随时间变化趋势上看,各尺度比模型数值计算结果完全一致,呈现随时间增加先增大至最大值后逐渐减小至零的趋势;而对比垂向波浪力最大幅值,各尺度比模型所得数值计算结果的相对误差均在 6% 以内。

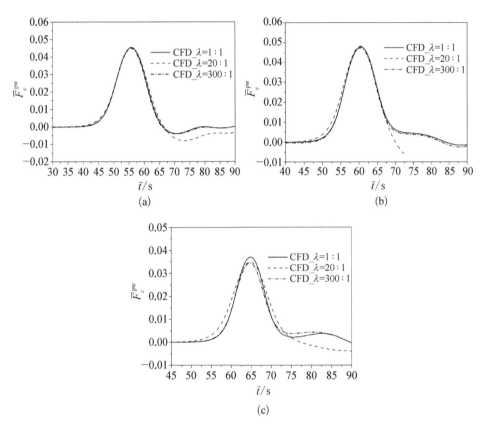

图 4-17　典型工况不同尺度比模型计算的无因次垂向波浪力时历特性

(a) $h_1 : h_2 = 20 : 80$, $|a_d|/h = 0.11$;(b) $h_1 : h_2 = 15 : 85$, $|a_d|/h = 0.11$;
(c) $h_1 : h_2 = 10 : 90$, $|a_d|/h = 0.072$

图 4-18 所示为三个尺度比数值模型进行系列数值计算得到的无因次垂向波浪压差力最大值随内孤立波振幅的变化情况。对比系列上下层流体深度比和内孤立波振幅工况的不同尺度比模型计算结果发现,计算结果间相对误差均在 8% 以内,说明结构物模型尺度变化对内孤立波波浪压差力的影响不大。

综上,通过比较基于实验模型的缩尺比 $\lambda = 1:1$、$20:1$ 和 $300:1$ 三个尺度比数值模型的系列模拟结果和实验结果,分析内孤立波垂向力各个构成成分的

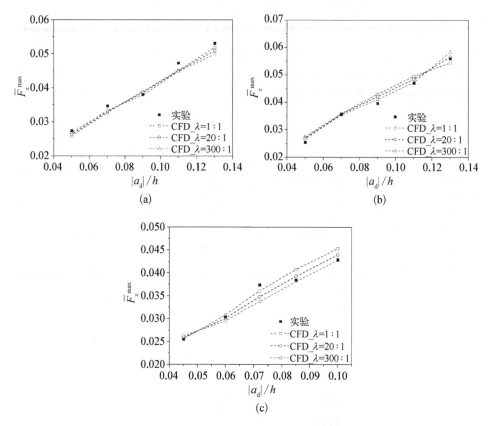

图 4-18　不同尺度比模型计算的无因次垂向波浪力最大值

(a) $h_1 : h_2 = 20 : 80$；(b) $h_1 : h_2 = 15 : 85$；(c) $h_1 : h_2 = 10 : 90$

变化，得出垂向摩擦力为小量，且随计算模型尺度增大进一步迅速减小，垂向黏性压差力也较小，且随计算模型尺度增大也有所减小，垂向波浪压差力是垂向力的主要构成成分，并且随计算模型尺度增大变化不大。因而可以认为，FPSO 受到的内孤立波垂向总力尺度效应是不显著的。

4.3　内孤立波载荷预报模型尺度效应

第 3 章基于系列实验结果构建的内孤立波载荷预报模型，式(3-14)和式(3-15)给出的摩擦力系数与上层流体深度 h_1/h、内孤立波浪向角 α 和雷诺数 Re 有关。式(3-16)和式(3-17)给出的修正系数与上层流体深度 h_1/h 和 KC

数有关。以实验模型尺度为基准,FPSO 模型尺度比记为 λ,此时上层流体深度 h_1/h、内孤立波浪向角 α 随模型尺度比变化而保持不变。

在本书中,Re 数和 KC 数分别定义为

$$Re = \frac{uL}{\upsilon} \tag{4-1}$$

$$KC = \frac{uT}{L} \tag{4-2}$$

式中,u 为内孤立波诱导的水质点最大速度,随尺度比的变化关系为 $u_\lambda = \sqrt{\lambda}u$;$T$ 为内孤立波波动周期,随尺度比的变化关系为 $T_\lambda = \sqrt{\lambda}T$;$L$ 为 FPSO 特征长度,随尺度比变化关系为 $L_\lambda = \lambda L$;υ 为流体动力黏性系数,随尺度比不变。

故而有 $Re_\lambda = \lambda^{\frac{3}{2}}Re$,$KC_\lambda = KC$。 也就是说,随着尺度比增大,雷诺数 Re 会呈指数关系增加,与 Re 有关的摩擦力系数会随之变化;KC 数则保持不变,与 KC 数有关的修正系数也随之保持不变。

图 4-19 所示为尺度比 $\lambda = 1:1$、$20:1$ 和 $300:1$ 情况下内孤立波摩擦力系数随雷诺数 Re 的变化。由图 4-19 可知,当尺度比增大时,雷诺数 Re 迅速增大,摩擦力系数则迅速减小。数值变化上,尺度比为 $20:1$ 时,摩擦力系数约为模型尺度的 $1/100$;尺度比为 $300:1$ 时,则约为模型尺度的 $1/1\,000$。以上情况说明预报模型中摩擦力系数的尺度效应显著。

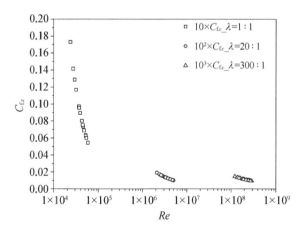

图 4-19　尺度比变化对水平摩擦力系数的影响

针对 $0°$ 浪向角情况,上下层流体深度比 $h_1:h_2=20:80$、$15:85$、$10:90$,内孤立波振幅 $|a_d|/h=0.05$、0.07、0.09、0.11、0.13(分层比 $h_1:h_2=20:80$,$15:85$),或 $|a_d|/h=0.045$、0.06、0.072、0.085、0.1(分层比 $h_1:h_2=10:90$),利用载荷预报模型进行尺度比 $\lambda=1:1$、$20:1$ 和 $300:1$ 时的 FPSO 内孤立波载荷计算,研究预报模型的尺度效应问题。

图 4-20 所示为针对三个典型内孤立波振幅工况,利用不同尺度比载荷预报模型预报的无因次内孤立波摩擦力时历结果。对比曲线发现,不同尺度比模型预报结果的变化趋势一致,随时间增加在 $\bar{t}=52\text{ s}$ 时开始增大,在 $\bar{t}=61\text{ s}$ 左右达到最大值,之后又开始减小并在 $\bar{t}=71\text{ s}$ 时减小至零。对比各时刻的无因次摩擦力值发现,随着尺度比增大,FPSO 受到的摩擦力减小,分析原因是 FPSO 模型尺度增大,雷诺数 Re 迅速增大,摩擦力系数 C_f 迅速减小。

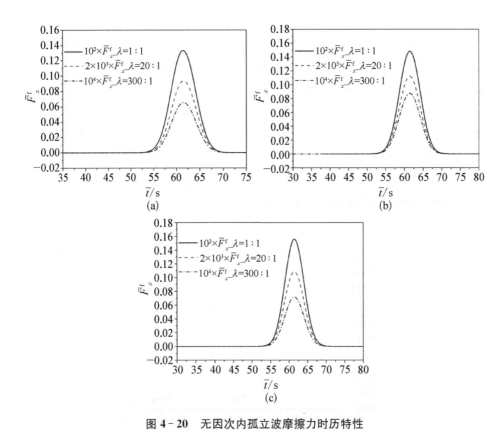

图 4-20　无因次内孤立波摩擦力时历特性

(a) $h_1:h_2=20:80$, $|a_d|/h=0.11$; (b) $h_1:h_2=15:85$, $|a_d|/h=0.11$;
(c) $h_1:h_2=10:90$, $|a_d|/h=0.072$

　　利用不同尺度比的载荷预报模型对系列上下层流体深度比、系列内孤立波振幅情况下 FPSO 受到的内孤立波摩擦力进行预报计算,图 4 - 21 所示为无因次摩擦力幅值随内孤立波振幅的变化规律。随着所选用的尺度比增加,载荷预报模型计算的无因次摩擦力迅速减小。这说明利用载荷预报模型中的摩擦力计算式计算实尺度 FPSO 受到的摩擦力,摩擦力将会被高估,对于结构物设计来说将会是偏安全的。

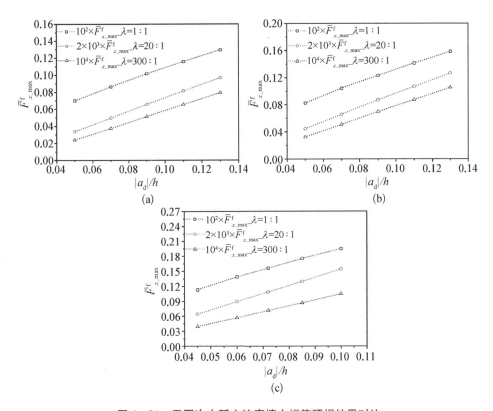

图 4 - 21　无因次内孤立波摩擦力幅值预报结果对比

(a) $h_1 : h_2 = 20 : 80$; (b) $h_1 : h_2 = 15 : 85$; (c) $h_1 : h_2 = 10 : 90$

　　对于黏性压差力而言,在预报模型中是用摩擦力 F_x^f 乘以修正系数 K 进行计算的,根据式(3 - 16)可知,修正系数 K 与上层流体深度比 h_1/h、KC 数有关,当尺度比发生变化时修正系数 K 不变,因而黏性压差力随尺度比变化的变化趋势与摩擦力的变化趋势保持一致,即当计算模型尺度比增大,黏性压差力迅速减小。也就是说,采用预报模型中的黏性压差力换算式计算实尺度情况,黏性压差力将会被高估。

图 4-22 所示为三个典型内孤立波振幅情况下，无因次波浪压差力时历变化规律。利用 $\lambda = 1:1$、$20:1$ 和 $300:1$ 尺度比预报模型计算的波浪压差力时历变化趋势保持一致，在 $\bar{t} = 57\,\text{s}$ 时达到最大值，在 $\bar{t} = 61\,\text{s}$ 时波浪压差力发生转向，在 $\bar{t} = 65\,\text{s}$ 时达到最小值。不同尺度比预报模型计算的波浪压差力最大/最小幅值有些许差别，与 $\lambda = 1:1$ 模型尺度计算结果相比，最大幅值差别在 6% 以内，最小幅值差别在 10% 以内，其原因为预报模型计算程序具有离散误差。

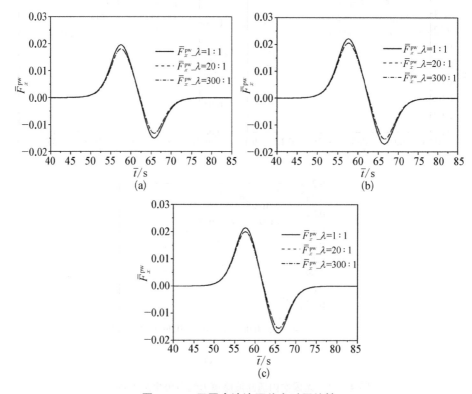

图 4-22 无因次波浪压差力时历特性

(a) $h_1:h_2 = 20:80$, $|a_d|/h = 0.11$; (b) $h_1:h_2 = 15:85$, $|a_d|/h = 0.11$;
(c) $h_1:h_2 = 10:90$, $|a_d|/h = 0.072$

图 4-23 所示为利用三个尺度比预报模型计算的系列上下层流体深度比、系列内孤立波振幅工况的无因次波浪压差力最大/最小幅值预报结果对比。以 $\lambda = 1:1$ 实验模型尺度预报结果为对比，众多工况预报的波浪压差力最大幅值相对误差均在 7% 以内，而最小幅值相对误差则均在 12% 以内，说明预报模型中的波浪压差力计算公式受尺度比影响较小。

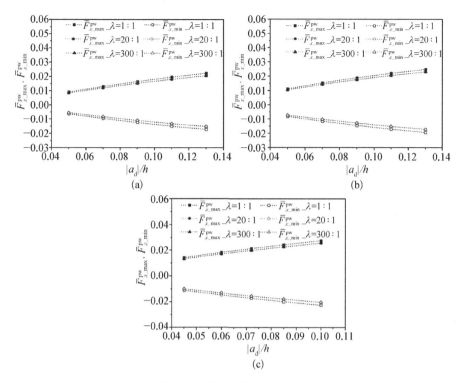

图 4‑23　不同尺度比预报模型计算的无因次波浪压差力极值对比

(a) $h_1:h_2 = 20:80$；(b) $h_1:h_2 = 15:85$；(c) $h_1:h_2 = 10:90$

4.4　本章小结

　　以实验模型尺度为基准,设计不同尺度比 $\lambda = 1:1$、$20:1$ 和 $300:1$ 的模型尺度,选择系列上下层流体深度比、系列内孤立波振幅、$0°$ 浪向角作用情况,对 FPSO 内孤立波载荷的尺度效应开展研究。研究表明,内孤立波载荷模型实验中,FPSO 内孤立波水平力及垂向力的尺度效应均因流体黏性影响而出现差异。水平力受黏性影响较大,其尺度效应也更显著;而垂向力受黏性影响较弱,其尺度效应则可以忽略。

　　对 FPSO 内孤立波载荷预报模型的尺度效应开展研究,分析表明,利用预报模型预报的 FPSO 内孤立波水平力、垂向力的尺度效应结果与模型实验分析一致,验证了实际尺度、高雷诺数条件下采用 Froude‑Krylov 公式和黏性力公式计算内孤立波水平力、采用 Froude‑Krylov 公式计算内孤立波垂向力仍然是可行的。

第 5 章

内孤立波中 FPSO 动力响应特性

深海 FPSO 作为深海资源开发的关键性、主流海洋装备之一,建造完工后长期系泊于特定工作海域,遭遇灾难海况时也无法进港避航,因此,在深海 FPSO 设计和建造中,必须综合考虑平台受海洋环境作用的动力响应。

近些年,各种类型平台在深海油气开发中的应用越来越广,国内外学者针对平台在风浪流等环境作用下的动力响应,开发出大量工程软件,并将其应用于工程实际。由于内孤立波环境作用的 FPSO 载荷的计算方法尚不完善,因此对内孤立波作用下 FPSO 动力响应性能的认识还不足。

鉴于此,本章以第 3 章所建立的载荷预报模型为基础,结合 FPSO 刚性浮体三自由度运动方程和大深度柔性系泊缆集中质量理论,建立内孤立波作用下的 FPSO 及其系泊系统动力响应模型。并根据南海北部内孤立波实际观测数据,采用数值方法计算分析 FPSO 浮体受到的动态载荷、浮体运动及系泊缆动态张力等的变化规律。

5.1 FPSO 动力响应理论模型

5.1.1 FPSO 浮体运动方程

建立空间固定的直角坐标系 $OXYZ$,浮体处于静平衡时,坐标原点 O 与浮体重心 G 重合,OXY 平面与静水面重合,OZ 轴垂直向上为正。建立固定于浮体的随体坐标系 $G\xi\eta\delta$,浮体初始静平衡时 $OXYZ$ 与 $G\xi\eta\delta$ 完全重合。

内孤立波经过时,浮体在 XOZ 平面内的三自由度运动为纵荡、垂荡和纵摇,分别记为 X_1、X_2 和 X_3。其中,X_1 和 X_2 分别是浮体重心 G 在 $OXYZ$ 的坐标值,X_3 为 $G\xi\eta\delta$ 相对于 $OXYZ$ 的转角。

$G\xi\eta\delta$ 的任意一点 (ξ,δ) 转换到固定坐标系 $OXYZ$ 中可表示为

$$\begin{bmatrix} X \\ Z \end{bmatrix} = \begin{bmatrix} X_1 \\ X_2 \end{bmatrix} + \begin{bmatrix} \cos X_3 & \sin X_3 \\ -\sin X_3 & \cos X_3 \end{bmatrix} \begin{bmatrix} \xi \\ \delta \end{bmatrix} \tag{5-1}$$

浮体三自由度的运动方程为

$$\begin{bmatrix} M & 0 & 0 \\ 0 & M & 0 \\ 0 & 0 & I \end{bmatrix} \begin{bmatrix} \ddot{X}_1 \\ \ddot{X}_2 \\ \ddot{X}_3 \end{bmatrix} = \begin{bmatrix} F_1(X_i,\dot{X}_i,\ddot{X}_i) \\ F_2(X_i,\dot{X}_i,\ddot{X}_i) \\ F_3(X_i,\dot{X}_i,\ddot{X}_i) \end{bmatrix} \tag{5-2}$$

式中,"·"表示对时间求导。

式(5-2)中的外载荷包含内孤立波载荷 $\boldsymbol{F}_w$、浮力 $\boldsymbol{F}_B$、系泊力 $\boldsymbol{F}_{ot}$ 及浮体自身重力,形成的纵摇力矩包含 $\boldsymbol{M}_w$、$\boldsymbol{M}_B$ 和 $\boldsymbol{M}_{ot}$。则浮体受到的外载荷为

$$\begin{cases} \boldsymbol{F} = F_1\boldsymbol{i} + F_2\boldsymbol{k} = \boldsymbol{F}_w + \boldsymbol{F}_B + \boldsymbol{F}_{ot} - Mg\boldsymbol{k} \\ \boldsymbol{M} = F_3\boldsymbol{e}_3 = \boldsymbol{M}_w + \boldsymbol{M}_B + \boldsymbol{M}_{ot} \end{cases} \tag{5-3}$$

式中,$(\boldsymbol{i},\boldsymbol{j},\boldsymbol{k})$ 为 $OXYZ$ 单位矢量;$(\boldsymbol{e}_1,\boldsymbol{e}_2,\boldsymbol{e}_3)$ 为 $G\xi\eta\delta$ 单位矢量。

5.1.2　内孤立波作用载荷及力矩

为计算内孤立波作用的载荷及力矩,建立随波坐标系 $Oxyz$,xOy 平面与流体静止时两层流体分界面重合,Oz 轴垂直向上设置在内孤立波波谷处。两层不可压缩、无旋理想流体的深度和密度分别记为 h_1、ρ_1 和 h_2、ρ_2,$Oxyz$ 与 $OXYZ$ 的变换关系为

$$x = X + x_d$$
$$z = Z - h_G + h_1 \tag{5-4}$$

式中,x_d 为内孤立波波谷到浮体重心的水平距离;h_G 为浮体重心 G 到自由水面的距离。

通过第 3 章的研究,已经建立了内孤立波中固定状态 FPSO 受到的载荷的计算方法。运动状态下,作用于 FPSO 上的 Froude-Krylov 力可采用式(3-3)计算,作用于 FPSO 上的黏性力可利用式(3-4)计算,FPSO 受到的内孤立波作用力为

$$\boldsymbol{F}_w = \boldsymbol{F}_{pw} + \boldsymbol{F}_v = \boldsymbol{F}_{wh} + \boldsymbol{F}_{wv} \tag{5-5}$$

式中，$\boldsymbol{F}_{wh}$ 和 $\boldsymbol{F}_{wv}$ 分别为水平力和垂向力。

内孤立波载荷引起的力矩（以顺时针为正）可表示为

$$\boldsymbol{M}_{Gwh} = \int_{-(h_w - h_G)}^{h_G} (\boldsymbol{r}_{G\delta} \times \boldsymbol{F}_{Gwh}) \, \mathrm{d}\delta \tag{5-6}$$

$$\boldsymbol{M}_{Gwv} = \int_{-L_1}^{-L_2} (\boldsymbol{r}_{G\xi} \times \boldsymbol{F}_{Gwv}) \, \mathrm{d}\xi \tag{5-7}$$

$$\boldsymbol{M}_{Gw} = \boldsymbol{M}_{Gwh} + \boldsymbol{M}_{Gwv} \tag{5-8}$$

式中，$\boldsymbol{r}_{G\xi}$、$\boldsymbol{r}_{G\delta}$ 分别为随体坐标系 $G\xi\eta\delta$ 的点 $(\xi, 0, 0)$ 和点 $(0, 0, \delta)$ 相对于浮体重心的矢量；L_1、L_2 分别为重心 G 到 FPSO 尾端和首端的距离；h_w 为 FPSO 浮体瞬时浸没深度。

5.1.3 浮力及力矩

当 FPSO 发生运动时其排水体积大小及浸水形状会随吃水线的改变而改变，浮体浮心将发生移动。静平衡状态时浮体的浸没深度为 d，运动状态下浮体的瞬时浸没深度 h_w 可表示为

$$h_w = \frac{d - h_G - X_2}{\cos X_3} + h_G \tag{5-9}$$

初始平衡状态的浮体浮心 B 在随体坐标系中的位置记为 $(\xi_B, \eta_B, \delta_B)$，移动后的浮心 B' 记为 $(\xi_B', \eta_B', \delta_B')$，则有

$$\begin{cases} \xi_B' = \dfrac{\displaystyle\int_{-L_1}^{L_2} A_{S\xi}\xi_B \, \mathrm{d}\xi}{\nabla} \\ \eta_B' = \eta_B \\ \delta_B' = \dfrac{\displaystyle\int_{-L_1}^{L_2} M_{\xi G\eta} \, \mathrm{d}\xi}{\nabla} \end{cases} \tag{5-10}$$

式中，$A_{S\xi}$ 为 FPSO 的横截面面积；$M_{\xi G\eta}$ 为排水体积；∇ 为随体坐标系下的水线面 $\xi G\eta$ 的体积静矩。

FPSO 受到的浮力及形成的力矩为

$$\begin{cases} \boldsymbol{F}_B = \rho g \nabla \boldsymbol{k} \\ \boldsymbol{M}_{GB} = \boldsymbol{r}_{GB} \times \boldsymbol{F}_{GB} \end{cases} \tag{5-11}$$

式中，r_{GB} 为浮心 B 与重心 G 间的位置矢量；F_{GB} 为 F_B 转换至随体坐标系的对应矢量。

5.2　系泊传递力

5.2.1　系泊缆运动方程

文中采用的系泊缆由锚泊线、钢缆和锚链线组成。用集中质量法将缆索划分为许多单元，缆索质量等效平分到单元两端的节点上，单元两端用一段不计质量的弹簧相连，其刚度依据缆索材料确定。建立如图 5 - 1 所示的坐标系，坐标原点设置在海底锚固点，x 轴正向指向导缆孔，z 轴向上。缆索划分为 k 个单元，编号自下向上编为 1，2，3，$\cdots$，k。对应的节点数为 $k+1$，编号也自下而上编为 1，2，3，$\cdots$，$k+1$。第 1 个节点与锚固点相连，第 $k+1$ 个节点与FPSO 相连。

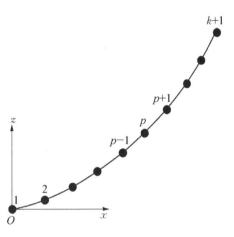

图 5 - 1　集中质量法划分模型

用 m 表示划分的缆索单元质量，则节点上的质量为

$$m_p = \begin{cases} \dfrac{1}{2}m & p = 1,\ k+1 \\ m & p = 2,\ \cdots,\ k \end{cases} \tag{5-12}$$

节点的受力如图 5 - 2 所示，运动方程为

$$m_p \boldsymbol{a}_p = \boldsymbol{T}_p - \boldsymbol{T}_{p-1} + \boldsymbol{F}_p^{\mathrm{D}} + \boldsymbol{F}_p^{\mathrm{I}} + \boldsymbol{F}_p^{\mathrm{B}} + \boldsymbol{W}_p \tag{5-13}$$

式中，m_p 为节点 p 的质量；$\boldsymbol{a}_p$ 为节点 p 的加速度矢量；$\boldsymbol{T}_p$ 和 $\boldsymbol{T}_{p-1}$ 分别为第 p 单元和第 $(p-1)$ 单元对节点 p 作用的张力；$\boldsymbol{F}_p^{\mathrm{D}}$ 和 $\boldsymbol{F}_p^{\mathrm{I}}$ 分别为等效作用于节点 p 上的流体拖曳力和惯性力；$\boldsymbol{F}_p^{\mathrm{B}}$ 和 $\boldsymbol{W}_p$ 分别为等效作用于节点 p 上的浮力和重力。

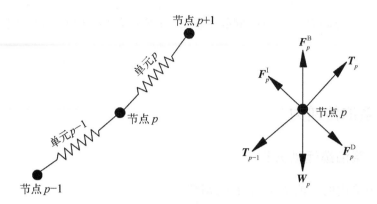

图 5 - 2 节点 p 受力示意图

单元 p 的张力可表示为

$$T_p = \begin{cases} EA\left(\dfrac{\widetilde{l}_p}{l_p} - 1\right) & \widetilde{l}_p > l_p \\[2mm] 0 & \widetilde{l}_p \leqslant l_p \end{cases} \tag{5-14}$$

式中，E 表示弹性模量；A 是截面积；l_p 为初始长度；$\widetilde{l}_p = \sqrt{(x_{p+1} - x_p)^2 + (z_{p+1} - z_p)^2}$ 为变形后的长度，其中 $(x_{p+1},\ z_{p+1})$ 和 $(x_p,\ z_p)$ 分别为节点 $(p+1)$ 和节点 p 的坐标。

作用在节点上的拖曳力 $\boldsymbol{F}_p^{\mathrm{D}}$ 和惯性力 $\boldsymbol{F}_p^{\mathrm{I}}$ 为

$$\begin{cases} \boldsymbol{F}_p^{\mathrm{D}} = \dfrac{1}{2}(\boldsymbol{F}_p^{\mathrm{D}} + \boldsymbol{F}_{p-1}^{\mathrm{D}}) \\[3mm] \boldsymbol{F}_p^{\mathrm{I}} = \dfrac{1}{2}(\boldsymbol{F}_p^{\mathrm{I}} + \boldsymbol{F}_{p-1}^{\mathrm{I}}) \end{cases} \tag{5-15}$$

缆索直径远小于内孤立波波长，可视作小尺度杆件，可应用莫里森方程计算其受到的拖曳力和惯性力，即

$$\begin{cases} \boldsymbol{F}_p^{\mathrm{D}} = \rho C_{\mathrm{d}} r_p \widetilde{l}_p \mid \boldsymbol{V}_{\mathrm{m},\,p+1/2} \mid \boldsymbol{V}_{\mathrm{m},\,p+1/2} \\[2mm] \boldsymbol{F}_p^{\mathrm{I}} = \rho \pi r_p^2 \widetilde{l}_p \dot{\boldsymbol{V}}_{\mathrm{n},\,p+1/2} + \rho C_{\mathrm{a}} \pi r_p^2 \widetilde{l}_p \dot{\boldsymbol{V}}_{\mathrm{m},\,p+1/2} \end{cases} \tag{5-16}$$

式中，r_p 为缆索半径；$\dot{\boldsymbol{V}}_{\mathrm{n},\,p+1/2}$、$\dot{\boldsymbol{V}}_{\mathrm{m},\,p+1/2}$ 为单元中点水质点法向和径向加速度；$\boldsymbol{V}_{\mathrm{m},\,p+1/2}$ 为单元中点水质点法向速度；C_{d} 为拖曳力系数，$C_{\mathrm{d}} = 2.3\exp(-10^{-4}Re) + 1$[102]；$C_{\mathrm{a}}$ 为附加质量系数，$C_{\mathrm{a}} = 1.0$[102]。

等效平分于节点的浮力 $\boldsymbol{F}_p^{\mathrm{B}}$ 为

$$\boldsymbol{F}_p^{\mathrm{B}} = \frac{1}{2}\rho g(\widetilde{l}_p \pi r_p^2 + \widetilde{l}_{p-1}\pi r_{p-1}^2)\boldsymbol{k} \tag{5-17}$$

重力 $\boldsymbol{W}_p$ 为

$$\boldsymbol{W}_p = m_p g \boldsymbol{k} \tag{5-18}$$

第 $k+1$ 节点的位移边界条件为

$$x_{k+1,i}(t) = x_{k+1,i}^0 + X_1 - (-1)^i b_1 \cos X_3 - h_{\mathrm{gb}}\sin X_3 + (-1)^i b_1$$
$$z_{k+1,i}(t) = z_{k-1,i}^0 + X_2 - (-1)^i b_1 \sin X_3 - h_{\mathrm{gb}}\cos X_3 + h_{\mathrm{gb}} \tag{5-19}$$

式中，$(x_{k+1,i}^0, z_{k+1,i}^0)$、$[x_{k+1,i}(t), z_{k+1,i}(t)]$ 分别为初始时刻和 t 时刻第 $k+1$ 节点的坐标；i 为缆索编号；b_1 为初始时刻导缆孔节点到浮体重心的水平距离；h_{gb} 为浮体重心到船底的距离。

海底锚固位置的第 1 节点的边界条件为

$$\begin{cases} x_{1,i}(t)=0 & \dot{x}_{1,i}(t)=0 \\ z_{1,i}(t)=0 & \dot{z}_{1,i}(t)=0 \end{cases} \tag{5-20}$$

式中，"·"表示变量对时间求微分。

5.2.2　缆索静态张力及构型

导缆孔处初始预张力为 $T_0 = \sqrt{H_0^2 + V_0^2}$，系泊缆顶端初始倾角为 $\theta_0 = \arctan(V_0/H_0)$。在系泊缆上端点处，节点 $k+1$ 受到初始预张力 T_0、缆单元 k 的张力 T_k、重力 $m_{k+1}g$ 和浮力 F_{k+1}^{B}，平衡方程为

$$\begin{cases} T_0\cos\theta_0 - T_k\cos\theta_k = 0 \\ T_0\sin\theta_0 - T_k\sin\theta_k - m_{k+1}g + \frac{1}{2}\rho g\widetilde{l}_k \pi r_k^2 = 0 \end{cases} \tag{5-21}$$

式中，θ_k 为缆单元 k 的张力 T_k 与水平方向的夹角。

除第 1 和第 $k+1$ 节点外，中间段任一节点的受力平衡方程为

$$\begin{cases} T_p\cos\theta_p - T_{p-1}\cos\theta_{p-1} = 0 \\ T_p\sin\theta_p - T_{p-1}\sin\theta_{p-1} - m_p g + \frac{1}{2}\rho g(\widetilde{l}_p \pi r_p^2 + \widetilde{l}_{p-1}\pi r_{p-1}^2) = 0 \end{cases}$$
$$\tag{5-22}$$

式中，θ_p 为缆单元 p 张力与水平方向的夹角。

采用牛顿-拉弗森法求解式(5-21)和式(5-22)。节点的平衡方程化为非线性方程组[140]：

$$\begin{cases} f_1(T_p, \theta_p) = 0 \\ f_2(T_p, \theta_p) = 0 \end{cases} \tag{5-23}$$

引入变量 $C = T_p$，$D = \theta_p$，假设 f_1 和 f_2 对 T_p 和 θ_p 存在二阶偏导数且连续，在 (C_0, D_0) 点处进行泰勒展开，有

$$\begin{cases} f_1(C, D) = f_1(C_0, D_0) + \dfrac{\partial f_1(C_0, D_0)}{\partial C}(C - C_0) + \dfrac{\partial f_1(C_0, D_0)}{\partial D}(D - D_0) \\ f_2(C, D) = f_2(C_0, D_0) + \dfrac{\partial f_2(C_0, D_0)}{\partial C}(C - C_0) + \dfrac{\partial f_2(C_0, D_0)}{\partial D}(D - D_0) \end{cases}$$

$$\tag{5-24}$$

将式(5-23)和式(5-24)结合，得到

$$\begin{cases} \dfrac{\partial f_1(C_0, D_0)}{\partial C}\Delta C + \dfrac{\partial f_1(C_0, D_0)}{\partial D}\Delta D = -f_1(C_0, D_0) \\ \dfrac{\partial f_2(C_0, D_0)}{\partial C}\Delta C + \dfrac{\partial f_2(C_0, D_0)}{\partial D}\Delta D = -f_2(C_0, D_0) \end{cases} \tag{5-25}$$

式中，修正量 $(\Delta C, \Delta D)$ 为 (C_0, D_0) 与根的差值。

式(5-25)的系数矩阵记为 $\boldsymbol{R}$，有

$$\boldsymbol{R} = \begin{bmatrix} \dfrac{\partial f_1(C_0, D_0)}{\partial C} & \dfrac{\partial f_1(C_0, D_0)}{\partial D} \\ \dfrac{\partial f_2(C_0, D_0)}{\partial C} & \dfrac{\partial f_2(C_0, D_0)}{\partial D} \end{bmatrix} \tag{5-26}$$

矩阵 $\boldsymbol{R}$ 非奇异时求得修正量 ΔC 和 ΔD，则第一次近似根可表示为

$$\begin{cases} C_1 = C_0 + \Delta C \\ D_1 = D_0 + \Delta D \end{cases} \tag{5-27}$$

将 (C_1, D_1) 作为新的初始近似值代入式(5-25)，循环迭代，当修正量 $(\Delta C, \Delta D)$ 满足条件

$$\max\{\Delta C, \Delta D\} \leqslant \varepsilon \tag{5-28}$$

此时结束迭代，迭代所得的近似解 (C_{n+1}, D_{n+1}) 即为缆单元 p 的张力 T_p 及其与水平方向的夹角 θ_p。

节点 p 的坐标与夹角 θ_p 的关系为

$$\tan \theta_p = \frac{z_{p+1} - z_p}{x_{p+1} - x_p} \tag{5-29}$$

利用式(5-29)可求出各节点坐标,进而求得系缆的初始构型和张力。

5.2.3　系泊力 $\boldsymbol{F}_t$

对于系泊缆上端点,浮体受到的系泊传递力 $\boldsymbol{F}_t$ 为

$$\begin{cases} F_{xt} = T_0 \cos \theta_0 \\ F_{zt} = T_0 \sin \theta_0 \end{cases} \tag{5-30}$$

第 $k+1$ 节点的运动方程为

$$\begin{cases} m_{k+1} \ddot{x}_{k+1} = F_{xt} - T_k \cos \theta_k - F_{k+1}^{D} \sin \theta_k - F_{k+1}^{I} \sin \theta_k \\ m_{k+1} \ddot{z}_{k+1} = F_{zt} - T_k \sin \theta_k + F_{k+1}^{D} \cos \theta_k + F_{k+1}^{I} \cos \theta_k + F_{k+1}^{B} - m_{k+1} g \end{cases} \tag{5-31}$$

式中,$(\ddot{x}_{k+1}, \ddot{z}_{k+1})$ 为节点 $k+1$ 的水平和垂向运动加速度;F_{k+1}^{D}、F_{k+1}^{I} 分别为节点 $k+1$ 上的流体拖曳力和惯性力;F_{k+1}^{B} 为节点 $k+1$ 上的浮力。

利用式(5-31)可求得系泊缆上端的系泊传递力,则单根系泊缆对浮体的系泊传递力矩为

$$\boldsymbol{M}_{Gt} = \boldsymbol{r}_{Gt} \times \boldsymbol{F}_t \tag{5-32}$$

式中,$\boldsymbol{r}_{Gt}$ 为系泊缆上端点相对于浮体重心的距离。

将式(5-31)求解的系泊传递力 $\boldsymbol{F}_t$ 和式(5-32)求解的传递力矩 $\boldsymbol{M}_{Gt}$ 代入浮体运动方程式(5-2)。利用龙格-库塔法对式(5-31)与式(5-2)进行联立求解,得到内孤立波中 FPSO 动力响应。

5.3　结果分析

Chang 等[141]现场观测了我国南海东沙群岛海域的内孤立波。测量数据如下:上层流体的深度和密度分别为 $h_1 = 60$ m、$\rho_1 = 1\,022$ kg/m³,下层流体的深度和密度分别为 $h_2 = 550$ m、$\rho_2 = 1\,025.5$ kg/m³,内孤立波波形为下凹型,最大振幅 $|a| = 170$ m。本章以此为依据,对内孤立波作用下 FPSO 的动力响应特性进行数值分析。

数值分析中,选取四个上下层流体深度比 $h_1 : h_2 = 4 : 57$、$6 : 55$、$8 : 53$ 和 $10 : 51$,总水深 $h = 610$ m,内孤立波振幅选取 $170 \sim 50$ m,以 $|a| = 170$ m 为极限振幅。

图 5 - 3 所示为 FPSO 悬链线系泊缆布置情况,表 5 - 1 和表 5 - 2 中分别为 FPSO 浮体及其系泊缆的主要参数。

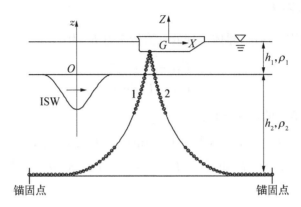

图 5 - 3 FPSO 悬链线系泊缆布置示意图

表 5 - 1 FPSO 参数

参　　数	数　　值
垂线间长 L_{pp}/m	210.2
型宽 B/m	42.974
型深 D/m	22.515
吃水 d/m	13.959
排水量 Δ/t	118 490.1
浮心 x_B、重心 x_G 纵向位置/m	2.203
重心垂向位置 z_G/m	12.647
纵向惯性半径 K_{yy}/m	52.55
转塔距船底高 h_t/m	2
转塔距船艏柱/m	14.714

表 5 - 2 系泊缆参数

参　　数	数　　值
上段系泊链质量(水中)/(kg/m)	280
上段系泊链长度/m	250

续　表

参　　数	数　　值
上段系泊链刚度/t	123 952
中段系泊缆质量(水中)/(kg/m)	95
中段系泊缆长度/m	700
中段系泊缆刚度/t	25 612
下段系泊链质量(水中)/(kg/m)	1 170
下段系泊链长度/m	850
下段系泊链刚度/t	10 765

　　FPSO 受到内孤立波作用时,系泊缆对浮体的顶端预张力是控制浮体运动的关键参数之一。图 5-4 所示为系泊缆顶端水平预张力 H_0 变化对浮体纵荡和垂荡运动响应的影响。结果表明,不同水平预张力情况下浮体纵荡运动响应更大,说明内孤立波作用引起的浮体纵荡运动更显著。进一步分析发现,随着系泊缆顶端水平预张力 H_0 的增大,浮体的纵荡运动响应幅值会减小,当水平预张力超过 800 kN 时,继续增大水平预张力对浮体纵荡运动的约束效果逐渐减弱,此时再增加预张力已无太大意义。本章之后的分析系泊缆顶端水平预张力 H_0 取 600 kN、700 kN 和 800 kN。

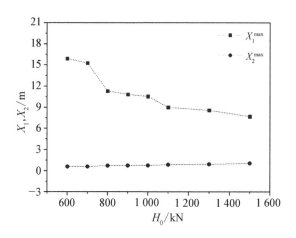

图 5-4　浮体纵荡和垂荡位移与水平预张力的关系

5.3.1　FPSO 浮体动态载荷与动力响应时历特性

　　本节以内孤立波浪向角为 0°为例,对内孤立波作用下 FPSO 浮体动态载荷

及其动力响应时历特性进行分析。图 5-5 所示为东沙海域实测内孤立波振幅 $|u| = 170$ m 和分层比 $h_1 : h_2 = 6 : 55$ 情况下，FPSO 受到的内孤立波动态载荷随时间的变化。FPSO 受到的水平力最大正值约为 99 t，最小负值为 -29 t；垂向力较大，其最大可达 1 841 t；力矩的最大正值约为 158 t·m，最小负值为 -555 t·m。

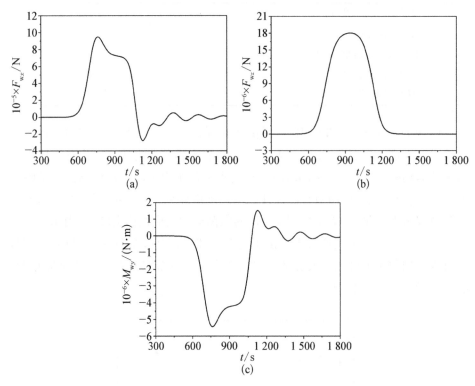

图 5-5　FPSO 浮体受到的内孤立波动态载荷时历变化特性

(a) 水平力；(b) 垂向力；(c) 力矩

　　分析结果发现，对于水平力而言，内孤立波自远前方传来，FPSO 受到的内孤立波载荷逐渐增大，在内孤立波波谷到达 FPSO 长度中点之前的某个时刻达到最大值，之后随时间增加又逐渐减小，而系泊缆的约束作用使得水平力时历曲线在 $t = 900$ s 附近减小趋势变缓。垂向力则在内孤立波波谷到达 FPSO 长度中点时达到其最大正值，随后随时间增加而减小。力矩随时间增加沿负方向增大，在水平力达到最大正值时力矩也达到了最小负值，之后随时间增加而减小，并同样在 $t = 900$ s 附近出现减小趋势变缓的现象。

　　图 5-6 所示为分层比 $h_1 : h_2 = 6 : 55$，内孤立波振幅 $|a| = 170$ m 时，内孤立波作用下 FPSO 运动响应时历变化。实测内孤立波作用的 FPSO 纵荡位移约

为 26 m,且最为显著。引起的垂荡表现为上浮,上浮量约为 0.22 m。造成的纵摇非常小,量级约在 1×10^{-5},其在运动响应分析中可忽略。

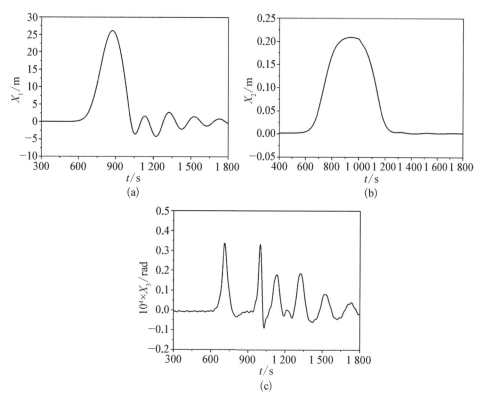

图 5 - 6　FPSO 浮体运动响应时历特性

(a) 纵荡;(b) 垂荡;(c) 纵摇

对比图 5 - 5 和图 5 - 6 可见,FPSO 的纵荡响应随水平力变化而变化,当内孤立波向 FPSO 传播时,FPSO 的纵荡运动因水平力增大而逐渐显著,并在水平力最大值时刻之后达到最大,由于动力作用而与水平力存在相位差,之后随动态水平力减小,纵荡位移也逐渐减小。分析纵荡位移最大值与水平力最大值存在时间差的原因,在内孤立波的动力作用下,在水平力从零增加到最大值的过程中,FPSO 加速纵荡,并在水平力到达最大值时速度达到最大,随后水平力逐渐减小,加之系泊力的作用,FPSO 减速纵荡,并在某一时刻速度减小为零,此时纵荡位移达到最大值。对于垂荡响应,随内孤立波向 FPSO 传播,在垂向力幅值对应的时刻之前,垂向力随时间增加而增大,垂荡响应表现为上浮且运动位移随时间增加而增大;越过垂向力幅值对应时刻,时间向后推移垂向力减小,垂荡变缓和,但内孤立波流过 FPSO 后,因惯性等原因曲线会出现小幅波动。

图 5-7 所示为当分层比 $h_1 : h_2 = 6 : 55$、内孤立波振幅 $|a| = 170 \, m$ 时,内孤立波作用于 FPSO 引起的系泊缆顶端张力增量时历变化特性。图中 ΔT_1 和 ΔT_2 分别为迎流方向和背流方向系泊缆顶端张力增量。由图 5-7 可知,南海实测内孤立波作用的迎流系泊缆张力增量最大可达 75 t,内孤立波流过后振荡段最大可达 33 t。背流系泊缆的张力增量可达 79 t,振荡幅值可达 42 t。内孤立波流过导致的浮体运动会引起系泊缆张力的突变,使系泊缆发生损坏,从而影响浮体的安全性。

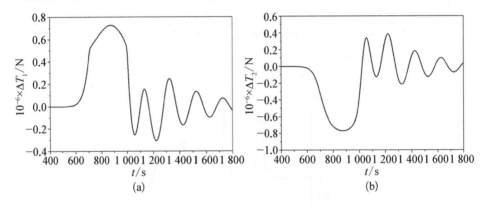

图 5-7 内孤立波作用下 FPSO 系泊缆张力增量时历特性

(a) 迎流方向;(b) 背流方向

结合图 5-6 和图 5-7,FPSO 浮体垂荡和纵摇运动响应均不明显,可以说系泊缆顶端张力的变化主要是由浮体纵荡运动引起的。随浮体水平位移的增大,迎流面系泊缆顶端张力随之增大,背流面系泊缆顶端张力则反向变化;纵荡位移到达最大值时,迎流侧系泊缆顶端张力达到其最大值,背流一侧的变化达到其最小值。在此之后纵荡减小,使得迎流面系泊缆顶端张力减小,背流面系泊缆顶端张力增大。

下面分析系泊缆顶端初始水平预张力变化对 FPSO 浮体动态载荷、运动响应位移以及系泊缆顶端张力增量的影响。图 5-8 所示为分层比 $h_1 : h_2 = 6 : 55$、内孤立波振幅 $|a| = 170 \, m$ 时,不同系泊缆顶端初始水平张力情况下 FPSO 浮体动态载荷时历变化特性。由图 5-8 可见,系泊缆顶端初始水平张力增大时,FPSO 浮体动态载荷时历变化趋势保持一致,水平力和力矩幅值有微小的减小,垂向力幅值保持不变。当内孤立波经过 FPSO 浮体后,随水平初始张力增大,动态载荷时历结果间存在相位差,即动态载荷振荡频率减小。

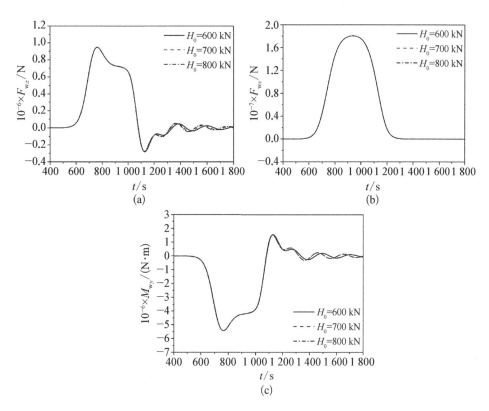

图 5 - 8　不同水平预张力情况下 FPSO 浮体动态载荷时历特性
(a) 水平力;(b) 垂向力;(c) 力矩

　　图 5-9 所示为分层比 $h_1:h_2=6:55$、$|a|=170\,\mathrm{m}$ 时,不同系泊缆顶端初始水平张力情况下 FPSO 运动响应时历特性。由图 5-9 可见,不同初始水平张力情况的 FPSO 运动响应时历变化趋势保持一致,其中纵荡运动幅值随初始水平张力增大而增大,垂荡和纵摇运动幅值则随初始水平张力增大而减小。内孤立波经过 FPSO 浮体后,因 FPSO 浮体动态载荷发生振荡且随初始水平张力增大而振荡频率减小,浮体运动响应时历结果也保持相同的变化规律。

　　图 5-10 所示为分层比 $h_1:h_2=6:55$、$|a|=170\,\mathrm{m}$ 情况下,初始水平预张力改变造成的系泊缆顶端张力增量的变化。由图 5-10 可见,初始水平预张力变大造成的缆索张力增量随时间变化的趋势保持一致,其中迎流方向系泊缆顶端张力增量幅值减小,背流方向系泊缆顶端张力增量幅值增大。

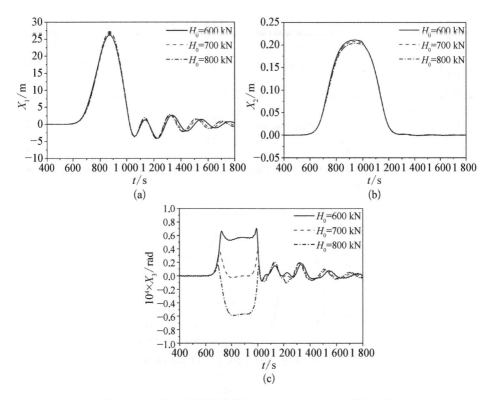

图 5-9 不同水平预张力情况下 FPSO 运动响应时历特性

（a）纵荡运动；（b）垂荡运动；（c）纵摇运动

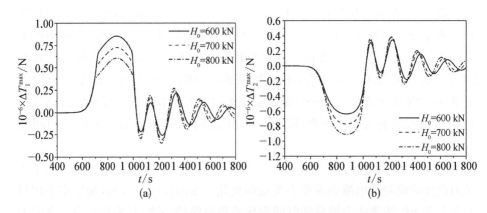

图 5-10 初始水平预张力对系泊缆顶端张力增量的影响

（a）迎流方向；（b）背流方向

5.3.2　FPSO 浮体动态载荷及动力响应幅值变化

本节仍以浪向角为 0°为例,分析内孤立波作用于 FPSO 浮体产生的动态载荷及其动力响应位移幅值变化。

先讨论上层流体深度对浮体动态载荷、运动响应幅值及系泊缆顶端张力增量的影响。图 5 - 11 所示为内孤立波振幅 $|a|=170$ m 时,上层流体深度变化对浮体载荷的影响。上层流体深度增大时,水平力、纵摇力矩都减小;而对于垂向力最大值,存在一个临界深度,临界深度以下随深度增大垂向力慢慢增大,在上层流体深度达到并超过临界深度后,垂向力最大值随上层流体深度增大而减小。

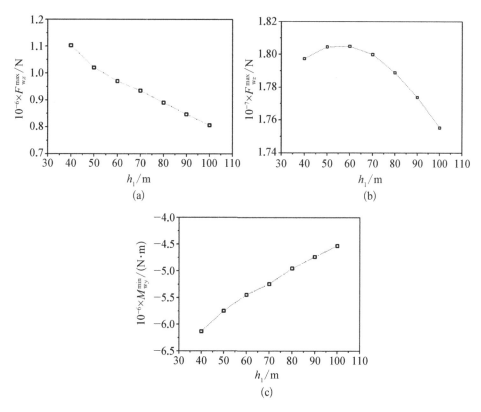

图 5 - 11　FPSO 浮体动态载荷幅值变化特性
(a) 水平力;(b) 垂向力;(c) 纵摇力

图 5 - 12 所示为内孤立波振幅 $|a|=170$ m 时,FPSO 运动响应幅值随上层流体深度的变化特性。深度增大时作用于浮体的水平力减小,因而纵荡运动随之减小;而垂向力随上层流体深度增大先增大后减小,其造成的垂荡运动幅值也

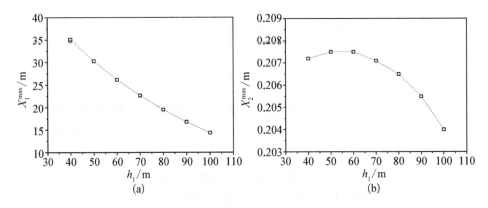

图 5‐12　FPSO 运动响应幅值变化特性

(a) 纵荡运动；(b) 垂荡运动

出现同样的变化规律,即随上层流体深度增大先增大后减小。

　　图 5‐13 所示为内孤立波振幅 $|a|=170\ \mathrm{m}$ 时,FPSO 浮体系泊缆顶端张力增量幅值受上层流体深度变化的影响。上层流体深度增大使浮体纵荡减小,即浮体的运动响应缓和,系泊缆内部的张力也随之减小,也就是说,上层流体深度增大会引起系缆顶端张力增量减小。

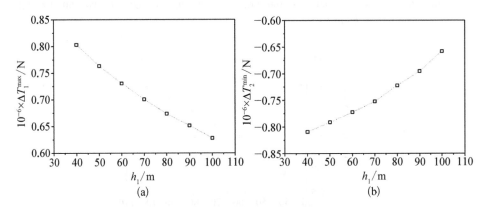

图 5‐13　上层流体深度对顶端张力增量的影响

(a) 迎流方向；(b) 背流方向

　　接下来,讨论波的振幅改变对 FPSO 运动及动力响应特征参数的影响。图 5‐14 所示为分层比 $h_1:h_2=6:55$ 时 FPSO 浮体受到的内孤立波动态载荷随内孤立波振幅的变化。结果表明,随着内孤立波振幅增大,FPSO 受到的内孤立波水平力极值增大,垂向力最大值也增大,力矩极值也增大。观察动态载荷的增加趋势发现,当内孤立波振幅较小时,随振幅增大,动态载荷的增大速度较快;当内

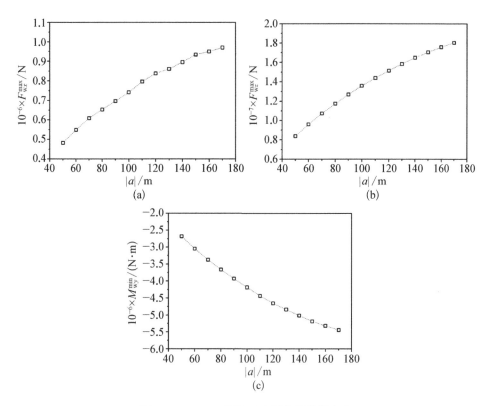

图 5-14　FPSO 浮体动态载荷幅值的变化

（a）水平力；（b）垂向力；（c）力矩

孤立波振幅较大时,振幅继续增加,动态载荷增大的速度逐渐变缓。

图 5-15 所示为流体深度比 h_1 : $h_2 = 6$: 55 情况下,内孤立波振幅改变对浮

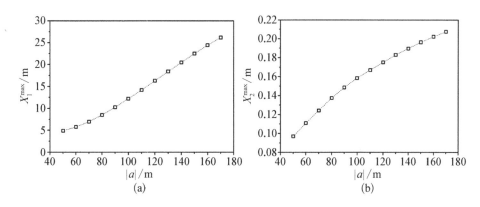

图 5-15　FPSO 浮体运动响应幅值变化

（a）纵荡运动；（b）垂荡运动

体运动响应最大幅值的影响。由图 5-15 可见,不同振幅内孤立波作用时,纵荡运动均较明显,且纵荡运动幅值 $X_1^{\max}$ 随内孤立波振幅增大而增大;从变化趋势上看,内孤立波振幅越大,纵荡响应幅值增加的速度也越快。而对于垂荡运动而言,其幅值 $X_2^{\max}$ 虽然较小,但随内孤立波振幅增大而显著增大。

图 5-16 所示为流体深度比 $h_1:h_2=6:55$ 情况下,内孤立波振幅变化对系泊缆顶端张力增量的最大幅值的影响。分析结果可知,内孤立波振幅增大,FPSO 浮体产生的纵荡运动位移增大,迎流方向系泊缆顶端张力增量 $\Delta T_1^{\max}$ 随之增大,背流方向系泊缆顶端张力增量 $\Delta T_2^{\max}$ 也随之增大。对于迎流方向系泊缆顶端张力增量的变化,存在一个临界振幅,当内孤立波振幅小于临界振幅时,随内孤立波振幅增大,迎流方向系泊缆顶端张力增量 $\Delta T_1^{\max}$ 近乎呈对数关系增加;当内孤立波振幅超过临界振幅时,迎流方向系泊缆顶端张力增量 $\Delta T_1^{\max}$ 随内孤立波振幅增大而呈线性增大。背流方向系泊缆顶端张力增量 $\Delta T_2^{\max}$ 则随内孤立波振幅增加呈幂函数关系增大。

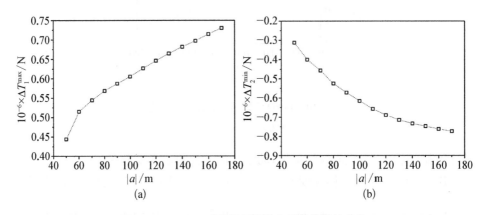

图 5-16 FPSO 系泊缆顶端张力增量幅值的变化

(a) 迎流方向;(b) 背流方向

5.4 本章小结

将 FPSO 内孤立波载荷预报模型代入浮体运动方程,结合集中质量法和龙格-库塔法求解系泊缆动力方程和浮体运动方程,获得内孤立波中 FPSO 动力响应理论模型。以实测大振幅内孤立波数据为输入数据,利用数值方法计算 FPSO 浮体动态载荷、运动响应及系泊缆动态张力特性,并分析了上层流体深

度、内孤立波振幅、初始水平张力对浮体动态载荷、运动响应及系泊缆张力的
影响。

　　FPSO 动力响应分析中,三段式系泊缆顶端预张力是控制浮体运动的关键
性参数之一。分析结果表明,系泊缆顶端水平预张力增大时,浮体运动响应幅值
也会减小。

　　针对振幅 $|a|=170$ m 的内孤立波作用下的 FPSO 浮体的动力特性,分析
发现,浮体受到的载荷极大,运动响应最显著的是纵荡,系泊缆张力也会急剧
变化。

　　对于 FPSO 浮体动态载荷,当上层流体深度增大时,浮体受到的水平力极值
和力矩极值随之减小,垂向力最大值则先增大后减小。当内孤立波振幅增大时,
浮体水平力极值增大,垂向力最大值也增大,力矩极值也增大。而系泊缆顶端初
始水平张力增大时,浮体受到的水平力和力矩幅值有微小的减小,垂向力幅值则
保持不变。

　　对于 FPSO 运动响应,当上层流体深度增大时,纵荡运动幅值随之减小,垂
荡运动幅值则出现先增大后减小的趋势。当内孤立波振幅增大时,纵荡运动幅
值随之增大,垂荡运动幅值虽然小但也会随之显著增大。而当系泊缆顶端初始
水平张力增大时,浮体纵荡运动幅值随之增大,垂荡和纵摇运动幅值则随之
减小。

　　对于系泊缆顶端张力,当上层流体深度增大时,迎流和背流系泊缆顶端张力
随之减小。当内孤立波振幅增大时,系泊缆顶端张力也随之增大,且迎流方向系
泊缆顶端张力的变化存在一个临界振幅。当内孤立波振幅小于临界振幅时,迎
流方向系泊缆顶端张力随内孤立波振幅近乎呈对数关系变化;而超过临界振幅
后,迎流方向系泊缆顶端张力随内孤立波振幅呈线性变化。背流方向系泊缆顶
端张力则随内孤立波振幅呈幂函数关系变化。初始水平预张力变化会引起迎
流、背流系泊缆反方向变化,迎流缆张力减小,背流缆张力增大。

第6章

总 结 与 展 望

6.1　总结

本书以 FPSO 为研究对象,利用理论分析、模型实验和数值模拟相结合的方式开展内孤立波与深海 FPSO 相互作用的水动力特性研究,研究结果如下。

(1) 基于 KdV、eKdV 和 MCC 三类内孤立波理论模型,采用系列模型实验方法,研究内孤立波以 $0°\sim360°$ 入射作用下 FPSO 内孤立波载荷特性。对于内孤立波水平力,随时间增加,水平力迅速增加,至最大值后随时间增加再逐渐减小至零,并转为负向继续减小至最小值,之后又随时间增加逐渐增加至零;内孤立波水平力最大值随内孤立波振幅增大而增加,随上下层流体深度比减小而有所增加,随浪向角的变化在浪向角为 90° 时达到最大;水平力最小值随入射角、振幅和分层情况变化很小。对于内孤立波横向力,内孤立波以 0° 和 180° 入射时其横向力为零;以 90° 入射时横向力也很小;以 45° 和 135° 斜浪入射时,横向力随时间推移逐渐增大至最大值,后随时间继续推移逐渐减小至零,之后转为负向继续减小至最小值,后又增加至零,且横向力幅值与水平力同量级。对于内孤立波垂向力,始终为正值,其幅值随上下层流体深度比、内孤立波振幅和内孤立波入射角基本保持不变。

(2) 以系列模型实验结果为依据,结合 Froude‐Krylov 公式和黏性力公式,回归确定内孤立波黏性力公式中摩擦力系数 C_{fr}、C_{fy} 和黏压阻力的修正系数 K_x、K_y 的计算方法以及黏性力系数 $C_{\mathrm{vr\_90}}$ 的计算方法,建立内孤立波 $0°\sim360°$ 浪向角作用下 FPSO 内孤立波载荷理论预报模型。FPSO 水平力中波浪压差力可采用 Froude‐Krylov 公式,通过对湿表面压力积分获得;浪向角 $\alpha \neq 90°$

时黏性力计算的摩擦力系数和修正系数可由

$$C_{\text{fr}} = 10.83 \big[\lg(Re) - 2 \big]^{-7.48}$$

$$(1 - h_1/h)^4 \text{KC}^3 K_x = 731.3(1 - h_1/h)^{29.16} \text{KC}^{2.413(1 - h_1/h)^{-5.83}}$$

来计算,浪向角 $\alpha = 90°$ 时黏性力系数可由

$$C_{\text{vr\_90}} \text{KC}^3 / (1 - h_1/h)^2 = 1.125(1.25 - h_1/h) \text{e}^{0.882\text{KC}}$$

来计算。横向力中的波浪压差力也可采用 Froude - Krylov 公式,通过对湿表面压力积分获得。黏性力中的摩擦力系数和修正系数可由

$$C_{\text{fy}} \cos \alpha / (1 - h_1/h)^3 = \big[1.043/(h_1/h)^2 - 15.16/(h_1/h) + 66.96 \big] \text{e}^{-3.05[\lg(Re)-2]}$$

$$(1 - h_1/h)^2 \text{KC}^3 K_y = -(17.24\text{KC}^{6.429} + 7.157) + 5(1 - h_1/h)$$

来计算。垂向力主要为垂向 Froude - Krylov 力,通过对 FPSO 湿表面进行压力面积分求得。

(3) 以系列实验模型尺度为基准,设计三个尺度比 $\lambda = 1:1$、$20:1$ 和 $300:1$ 的数值模型,对 FPSO 内孤立波载荷的尺度效应开展研究。在内孤立波载荷模型实验中,FPSO 内孤立波水平力及垂向力的尺度效应均因流体黏性影响而出现差异。水平力受黏性影响较大,其尺度效应也更显著;而垂向力受黏性影响较弱,其尺度效应则可以忽略。对 FPSO 内孤立波载荷预报模型的尺度效应开展研究,发现利用预报模型预报的 FPSO 内孤立波水平力、垂向力的尺度效应结果与模型实验分析一致,验证了实际尺度、高雷诺数条件下,采用 Froude - Krylov 公式和黏性力公式计算内孤立波水平力、采用 Froude - Krylov 公式计算内孤立波垂向力仍然是可行的。

(4) 结合载荷预报模型与浮体三自由度运动方程,利用集中质量法求解大深度三段式系泊缆的动力特性,以实测大振幅内孤立波为输入数据,定量评估 FPSO 浮体动态载荷、运动响应及系泊缆动态张力及其变化特性。研究发现,内孤立波来流时,FPSO 会受到极大的载荷作用,出现大位移纵荡、小幅度垂荡和极微小纵摇,系泊缆顶端拉力也会急剧变化。对于浮体的内孤立波动态载荷,上层流体深度增大时,水平力和力矩会减小,垂向力会先增大后减小;内孤立波振幅增大时,水平力、垂向力和力矩均会增大;而系泊缆顶端初始水平张力增大时,水平力和力矩会有微小减小,垂向力则保持不变。对于 FPSO 运动响应,上层流体深度增大时,纵荡运动会减小,垂荡运动会先增大后减小;内孤立波振幅增大时,纵荡和垂荡运动均会增大;而当系泊缆顶端初始水平张力增大时,纵荡运动

会增大,垂荡和纵摇运动则会减小。对于系泊缆顶端张力,上层流体深度增大会使其减小;内孤立波振幅增大会使其增大;但水平预张力增大会使迎流   侧缆绳张力减小,而背流一侧缆绳张力增大。

6.2 展望

本书对内孤立波中 FPSO 载荷及其动力响应特性进行了研究,建立的内孤立波中 FPSO 的载荷预报方法可直接应用于工程实际中。同时也发现,有关真实海洋传播的内孤立波对 FPSO 相互作用特性,但仍有许多机理性问题有待解决,有必要继续开展下一步研究。

(1) 本书开展的系列模型实验是在两层流体系统中进行的,然而实际海洋的密度往往是连续分层的,需开展密度连续层化的内孤立波实验及理论研究,进一步分析复杂分层情况下内孤立波对 FPSO 的水动力特性。

(2) 本书初步基于 Froude - Krylov 公式和黏性力公式建立了内孤立波中 FPSO 载荷的理论模型,也进行了尺度效应分析,但未考虑内孤立波浪向角为 45°、90°和 135°时的情况,水槽壁面对实验结果的影响分析也是很有必要的。

(3) 本书以 0°浪向角工况为对象,定量评估了南海实测大振幅内孤立波作用下,FPSO 的三自由度动力响应特性,但内孤立波其他浪向作用还会引起 FPSO 发生旋转运动,因而有必要对内孤立波中 FPSO 的六自由度动力响应进行研究。

参 考 文 献

［1］董艳秋.深海采油平台波浪载荷及响应[M].天津：天津大学出版社,2005.

［2］张火明,杨建民,肖龙飞.深海海洋平台混合模型试验技术研究与进展[J].中国海洋平台,2004,19(5)：1－19.

［3］单日波.我国深水海洋油气田开发现状分析[C]//中国造船工程学会学术会议,上海,2012：274－278.

［4］张帆,杨建民,李润培.Spar平台的发展趋势及其关键技术[J].中国海洋平台,2005,20(2)：6－24.

［5］Garside R, Snell R O, Cook H. Deepwater technology and deepwater developments[C]// Proceedings of the Eleventh International Offshore and Polar Engineering Conference, Stavanger, 2001：1－5.

［6］Wanvik L, Johnsen J M. Deepwater moored semisubmersible with dry wellheads and top tensioned well risers[C]//Offshore Technology Conference, Houston, 2001.

［7］尤云祥,石强,魏岗,等.两层流体中水波与垂直圆柱浮体的相互作用[J].上海交通大学学报,2007,41(9)：1460－1464.

［8］Agarwal A K, Jain A K. Nonlinear coupled dynamic response of offshore Spar platforms under regular sea waves [J]. Ocean Engineering, 2003, 30(4)：487－516.

［9］杜涛,吴巍,方欣华.海洋内波的产生与分布[J].海洋科学,2001,25(4)：25－28.

［10］蔡树群,甘子均.南海北部孤立子内波的研究进展[J].地球科学进展,2001,16(2)：215－219.

［11］蔡树群,甘子均,龙小敏.南海北部孤立子内波的一些特征和演化[J].科学通报,2001,46(15)：1245－1250.

［12］方欣华,杜涛.海洋内波基础和中国海内波[M].青岛：中国海洋大学出版社,2005.

［13］Liu A K, Chang Y S, Hsu M K, et al. Evolution of nonlinear internal waves in the East and South China Seas[J]. Journal of Geophysical Research-Oceans, 1998, 103(C4): 7995-8008.

[14] Zhao Z, Klemas V, Zheng Q, et al. Remote sensing evidence for baroclinic tide origin of internal solitary waves in northeastern South China Sea [J]. Geophysical Research Letters, 2004, 31(6): L06302.

[15] 陈景辉. 南海流花 11-1 深海油田开发工程[J]. 中国海洋平台, 1996, 11(1): 44-46.

[16] Ebbesmeyer C C, Coomes C A, Hamiton R C, et al. New observation on internal wave (solitons) in the South China Sea using an acoustic Doppler current profiler [C]//Marine Technology Society 91 Proceedings, New Orleans, 1991: 165-175.

[17] 叶吉华, 刘正礼, 罗俊丰. 深水钻井设计的技术流程与工作方法[J]. 中国海上油气, 2014, 26(3): 93-97.

[18] Tahar A, Kim M H. Hull/mooring/riser coupled dynamic analysis and sensitivity study of a tanker-based FPSO[J]. Applied Ocean Research, 2003, 25(6): 367-382.

[19] 王颖. Spar 平台涡激运动关键特性研究[D]. 上海: 上海交通大学, 2010.

[20] Finn L D, Maher J V, Gupta H. The cell spar and vortex induced vibrations [C]// Offshore Technology Conference, Houston, 2003: 1-6.

[21] 李润培, 谢永和, 舒志. 深海平台技术的研究现状与发展趋势[J]. 中国海洋平台, 2003, 18(3): 4-8.

[22] Shi Q Q, Yang J M, Xiao L F. Research on motion and hydrodynamic characteristics of a deepwater semi-submersible by numerical simulation and model test[J]. The Ocean Engineering, 2011, 29(4): 29-36.

[23] 刘海霞. 深海半潜式钻井平台的发展[J]. 船舶, 2007, (3): 6-10.

[24] 罗勇, 齐晓亮, 高巍, 等. 新型深水干树半潜平台关键技术研究: 2013 年总结[J]. 科技资讯, 2016(9): 168.

[25] 徐万海, 曾晓辉, 吴应湘, 等. 深水张力腿平台与系泊系统的耦合动力响应[J]. 振动与冲击, 2009, 28(2): 145-150.

[26] 黄佳. 1500 米水深张力腿平台运动和系泊特性数值与试验研究[D]. 上海: 上海交通大学, 2012.

[27] 吴子全, 李怀亮, 于文太, 等. 浅谈深海平台发展现状[C]//第十四届中国海洋(岸)工程学术讨论会, 呼和浩特, 2009: 205-210.

[28] Osborne A R, Burch T L. Internal solitons in the Andaman Sea[J]. Science, 1980, 208(4443): 451-460.

[29] Apel J R, Holbrook J R, Liu A K, et al. The Sulu Sea internal soliton experiment[J]. Journal of Physical Oceanography, 1985, 15(12): 1625-1651.

[30] Pinkel R. Internal solitary waves in the warm pool of the Western Equatorial Pacific[J]. Journal of Physical Oceanography, 2000, 30(11): 2906-2926.

[31] Haury L R, Briscoe M G. Tidally generated internal wave packets in

Massachusetts Bay[J]. Nature, 1979, 278(5702): 312 - 317.

[32] LaViolette P E, Arnone R A. A tide-generated internal waveform in the western approaches to the Strait of Gibralter [J]. Journal of Geophysical Research-Oceans, 1988, 93(C12): 15653 - 15667.

[33] Lamb K G. Numerical experiments of internal wave generation by strong tidal-flow across a finite amplitude bank edge[J]. Journal of Geophysical Research-Oceans, 1994, 99(C1): 843 - 864.

[34] Gerkema T. A unified model for the generation and fission of internal tides in a rotating ocean[J]. Journal of Marine Research, 1996, 54(3): 421 - 450.

[35] Brandt P, Alpers W, Backhaus J O. Study of the generation and propagation of internal waves in the Strait of Gibraltar using a numerical model and synthetic aperture radar images of the European ERS 1 satellite [J]. Journal of Geophysical Research-Oceans, 1996, 101(C6): 14237 - 14252.

[36] Sherwin T J, Vlasenko V I, Stashchuk N, et al. Along-slope generation as an explanation for some unusually large internal tides[J]. Deep Sea Research Part I: Oceanographic, 2002, 49(10): 1787 - 1799.

[37] Zhao Z X, Klemas V, Zheng Q A, et al. Estimating parameters of a two-layer stratified ocean from polarity conversion of internal solitary waves observed in satellite SAR images[J]. Remote Sensing of Environment, 2004, 92(2): 276 - 287.

[38] Lerczak J A. Internal waves on the southern California Shelf[D]. San Diego: University of California, 2000.

[39] Farmer D M, Smith D J. Nonlinear internal waves in a fjord[J]. Elsevier Oceanography, 1978, 23: 465 - 493.

[40] Farmer D M, Armi L. The generation and trapping of internal solitary wave over topography[J]. Science, 1999, 283(5399): 188 - 190.

[41] New A L, Pingree R D. Local generation of internal soliton packets in the central Bay of Biscay[J]. Deep Sea Research Part A Oceanographic Research Papers, 1992, 39(9A): 1521 - 1534.

[42] Gerkema T. Internal and interfacial tides: beam scattering and local generation of solitary waves[J]. Journal of Marine Research, 2001, 59(2): 227 - 255.

[43] Brandt P, Rubine A, Fischer J. Large-amplitude internal solitary waves in the North Equatorial counter current[J]. Journal of Physical Oceanography, 2002, 32(5): 1567 - 1573.

[44] Kuznetsov E A, Spector M D, Fal'Kovich G E. On the stability of nonlinear waves in integrable models[J]. Physics D: Nonlinear Phenomena, 1984, 10 (3): 379 - 386.

[45] Nash J D, Moum J N. River plumes as a source of large amplitude internal waves in the coastal ocean[J]. Nature, 2005, 437(7057): 400 - 403.

[46] Hsu M K, Liu A K, Liu C. A study of internal waves in the China Seas and Yellow Sea using SAR[J]. Continental Shelf Research, 2000, 20(4 - 5): 389 -

410.

[47] Fett R W, Rabe K. Satellite observation of internal wave refraction in the South China Sea[J]. Geophysical Research Letters, 1977, 4(5): 189 - 191.

[48] Ramp S R. Internal solitons in the northeastern South China Sea. Part 1: Sources and deep water propagation[J]. IEEE Journal of Oceanic Engineering, 2004, 29(4): 1157 - 1181.

[49] Orr M H, Mignercy P C. Nonlinear internal waves in the South China Sea: Observation of the conversion of depression internal waves to elevation internal waves[J]. Journal of Geophysical Research-Oceans, 2003, 108(C3): 3064.

[50] Lien R C, Tang T, Chang M, et al. Energy of nonlinear internal waves in the South China Sea[J]. Geophysical Research Letters, 2005, 32(5): L05615.

[51] Laurent L S. Turbulent dissipation on the margins of the South China Sea[J]. Geophysical Research Letters, 2008, 35(23): L23615.

[52] Alford M H. Speed and evolution of nonlinear internal waves transiting the South China Sea[J]. Journal of Physical Oceanography, 2010, 40(6): 1338 - 1355.

[53] Qiang L, Farmer D M. The generation and evolution of nonlinear internal waves in the deep basin of the South China Sea[J]. Journal of Physical Oceanography, 2011, 41(7): 1345 - 1363.

[54] 方文东,陈荣裕,毛庆文.南海北部大陆坡区的突发性强流[J].热带海洋, 2000,19(1): 70 - 75.

[55] Yang Y J, Tang T Y, Chang M H, et al. Solitons northeast of Tung-Sha Island during the ASIAEX pilot studies [J]. IEEE Journal of Oceanic Engineering, 2004, 29(4): 1182 - 1199.

[56] 蔡树群,何建玲,谢皆烁.近10年来南海孤立内波的研究进展[J].地球科学进展,2011,26(7): 703 - 710.

[57] Keulegan G H. Characteristics of internal solitary waves [J]. Journal of Research of the National Bureau of Standards, 1953, 51(3): 133.

[58] Long R R. Solitary waves in the one- and two-fluid system[J]. Tellus, 1956, 8 (4): 460 - 471.

[59] Benney D J. Long non-linear waves in fluid flows [J]. Studies in Applied Mathematics, 1966, 45(1 - 4): 52 - 63.

[60] Benjamin T B. Internal waves of finite amplitude and permanent form[J]. Journal of Fluid Mechanics, 1966, 25(2): 241 - 270.

[61] Joseph R I. Solitary waves in a finite depth fluid[J]. Journal of Physics A: Mathematical and General, 1977, 10(12): L225 - L227.

[62] Kubota T, Ko D R, Dobbs L D. Weekly-nonlinear, long internal gravity waves in stratified fluids of finite depth[J]. Journal of Hydronautics, 1978, 12(4): 157 - 165.

[63] Kataoka T, Tsutahara M, Akuzawa A. Two-dimensional evolution equation of finite-amplitude internal gravity waves in a uniformly stratified fluid [J].

Physical Review Letters，2000，84(7)：1447－1450.

[64] Grimshaw R. A second-order theory for solitary waves in deep fluids[J]. Physics of Fluids，1981，24(9)：1611－1618.

[65] Choi W，Camassa R. Weakly nonlinear internal waves in a two-fluid system [J]. Journal of Fluid Mechanics，1996，313：83－103.

[66] Yile L，Paul D. Three-dimensional nonlinear solitary waves in shallow water generated by an advancing disturbance[J]. Journal of Fluid Mechanics，2002，470：383－410.

[67] Miloh，Touvia. On periodic and solitary wavelike solutions of the intermediate long-wave equation[J]. Journal of Fluid Mechanics，1990，211(2)：617－627.

[68] Pego R L，Quintero J R. Two-dimensional solitary waves for a Benney-Luke equation[J]. Physics D：Nonlinear Phenomena，1999，132(4)：476－496.

[69] 程友良.两层流体中二维非线性界面波的演化方程[J].力学学报,2003,35(2)：213－217.

[70] 程友良.一般密度分布的分层流体中内孤立波三阶理论[J].水动力学研究与进展(A辑),2001,16(4)：451－459.

[71] 程友良.大深度分层流体中二阶内孤立波的演化方程[J].上海大学学报,1997,1(2)：130－134.

[72] 周清甫.有限深两层流中内孤立波的高阶解[J].应用数学和力学,1987,8(1)：69－77.

[73] 范忠瑶.有限深分层流中内孤立波二阶理论[D].北京：华北电力大学,2005.

[74] Stamp A P，Jacka M. Deep-water internal solitary waves[J]. Journal of Fluid Mechanics，1995，305：347－371.

[75] Davis R E，Acrivos A. Solitary internal waves in deep water[J]. Journal of Fluid Mechanics，1967，29(3)：593－607.

[76] Walker L R. Interfacial solitary waves in a two-fluid medium[J]. Physics of Fluids，1973，16(11)：1796－1804.

[77] Walker S A，Martin A J. Comparison of laboratory and theoretical internal solitary wave kinematics[J]. Journal of Waterway Port Coastal and Ocean Engineering，2003，129(5)：210－218.

[78] Segur H，Hammack J. Solution models of long internal waves[J]. Journal of Fluid Mechanics，1982，118：285－304.

[79] Kao T W，Pan F S，Renouard D. Internal solitons on the pycnocline：generation，propagation，and shoaling and breaking over a slope[J]. Journal of Fluid Mechanics，1985，159：19－53.

[80] Koop C G，Bulter G. An investigation of internal solitary waves in a two-fluid system[J]. Journal of Fluid Mechanics，1981，112：225－251.

[81] Michallet H，Barthelemy E. Experimental study of interfacial solitary waves [J]. Journal of Fluid Mechanics，1998，366：159－177.

[82] Helfrich K R，Melville W K，Miles J W. On interfacial solitary waves over slowly varying topography[J]. Journal of Fluid Mechanics，1984，149：305－

317.

[83] Choi W, Camassa R. Fully nonlinear internal waves in a two-fluid system[J].
Journal of Fluid Mechanics, 1999, 396: 1-36.

[84] Miyata M. An internal solitary wave of large amplitude[J]. La Mer, 1985, 23
(2): 43-48.

[85] Camassa R, Choi W, Michallet H, et al. On the realm of validity of strongly
nonlinear asymptotic approximations for internal waves[J]. Journal of Fluid
Mechanics, 2006, 549: 1-23.

[86] Gilreath H E, Brandt A. Experiments on the generation of internal waves in a
stratified fluid[J]. Aiaa Journal, 1985, 23(5): 693-700.

[87] Lofquist K E B, Purtell L P. Drag on a sphere moving horizontally through a
stratified liquid[J]. Journal of Fluid Mechanics, 1984, 148: 271-284.

[88] 马晖扬,麻柏坤,张人杰. 分层流体中物体运动尾迹的理论和实验研究[J]. 中
国科学技术大学学报,2000,30(6): 48-55.

[89] Sveen J K, Guo Y. On the breaking of internal solitary waves at a ridge[J].
Journal of Fluid Mechanics, 2002, 469: 161-188.

[90] Chen Y C. An experimental study of stratified mixing caused by internal
solitary waves in a two-layered fluid system over variable seabed topography
[J]. Ocean Engineering, 2007, 34(14-15): 1995-2008.

[91] 黄文昊,尤云祥,王旭,等. 有限深两层流体中内孤立波造波实验及其理论模型
[J]. 物理学报,2013,62(8): 354-367.

[92] Cai S Q, Long X M, Gan Z J. A method to estimate the forces exerted by
internal solitons on cylindrical piles[J]. Ocean Engineering, 2003, 30(5):
673-689.

[93] Cai S Q, Wang S A, Long X M. A simple estimation of the force exerted by
internal solitons on cylindrical piles[J]. Ocean Engineering, 2006, 33(7):
974-980.

[94] Cheng Y L, Li J C, Liu Y F. The induced flow field by internal solitary wave
and its action on cylindrical piles in the stratified ocean[C]// Proceeding of the
4th International Conference on Fluid Mechanics, Dalian, 2004: 296-299.

[95] 王荣耀,刘正礼,许亮斌,等. 内波作用下深水钻井隔水管系统作业安全评估
[J]. 中国海上油气,2015,27(3): 119-125.

[96] Cai S Q, Long X M, Wang S A. Forces and torques exerted by internal solitons
in shear flows on cylindrical piles[J]. Applied Ocean Research, 2008, 30(1):
72-77.

[97] Cai S Q, Xu J, Chen Z, et al. The effect of a seasonal stratification variation on
the load exerted by internal solitary waves on a cylindrical pile[J]. Acta
Oceanologica Sinica, 2014, 33(7): 21-26.

[98] 殷文明,郭海燕,吴凯锋,等. 内孤立波对水平圆柱潜体作用力的计算[J]. 浙江
大学学报(工学版),2016,50(7): 1252-1257.

[99] 张莉,郭海燕,李效民. 南海内孤立波作用下顶张力立管极值响应研究[J]. 振

动与冲击,2013,32(10):100-117.

[100] Xie J S, Jian Y J, Yang L G. Strongly nonlinear internal soliton load on a small vertical circular cylinder in two-layer fluids[J]. Applied Mathematical Modelling, 2010, 34(8): 2089-2101.

[101] Xie J S, Xu J X, Cai S Q. A numerical study of the load on cylindrical piles exerted by internal solitary waves[J]. Journal of Fluids and Structures, 2011, 27(8): 1252-1261.

[102] 黄文昊,尤云祥,王旭,等.圆柱型结构内孤立波载荷实验及其理论模型[J]. 力学学报,2013,45(5):716-728.

[103] 黄文昊,尤云祥,石强,等.半潜平台内孤立波载荷实验及其理论模型研究 [J].水动力学研究与进展 A 辑,2013,28(6):644-657.

[104] 黄文昊,尤云祥,王竞宇,等.张力腿平台内孤立波载荷及其理论模型[J].上 海交通大学学报,2013,47(10):1494-1502.

[105] Koop A H, Klaij C M, Vaz G. Viscous-flow calculations for model and full-scale current loads on typical offshore structures [C]//International Conference on Computational Methods in Marine Engineering, Berlin, 2013: 3-29.

[106] Koop A H, Bereznitski A. Model-scale and full-scale CFD calculations for current loads on semi-submersible[C]//30th International Conference on Ocean, Offshore and Arctic Engineering, New York, 2011: 147-157.

[107] 王旭,林忠义,尤云祥.内孤立波与直立圆柱体相互作用特性数值模拟[J].哈 尔滨工程大学学报,2015,36(1):6-11.

[108] 王旭,林忠义,尤云祥.半潜平台内孤立波载荷特性数值模拟[J].船舶力学, 2015,19(10):1173-1185.

[109] 王旭,林忠义,尤云祥.张力腿平台内孤立波作用特性数值模拟[J].海洋工 程,2015,33(5):16-23.

[110] Wang X, Zhou J F, Wang Z, et al. A numerical and experimental study of internal solitary wave loads on semi-submersible platforms [J]. Ocean Engineering, 2018, 150: 298-308.

[111] 王旭,张新曙,尤云祥.立柱式钻井平台内孤立波载荷尺度效应研究[J].石油 钻探技术,2015,43(4):30-36.

[112] Wang X, Zhou J F. Numerical and experimental study on the scale effect of internal solitary wave loads on Spar platforms[J]. International Journal of Naval Architecture and Ocean Engineering, 2020, 12: 569-577.

[113] Agarwal A K, Jain A K. Dynamic behavior of offshore Spar platforms under regular sea waves[J]. Ocean Engineering, 2003, 30(4): 487-516.

[114] Smith R J, MacFarlane C J. Statics of a three component mooring line[J]. Ocean Engineering, 2001, 28(7): 899-914.

[115] Pangalila F V A, John P M. A method of estimating line tensions and motions of a semi-submersible based on empirical data and model basin results[C]// Offshore Technology Conference, 1969: 89-96.

[116] Chai Y T, Varyani K S, Barltrop N D P. Semi-analytical quasi-static formulation for three-dimensional partially grounded mooring system problems [J]. Ocean engineering, 2002, 29(6): 627 - 649.

[117] 余龙,谭家华. 深水多成分悬链线锚泊系统优化设计及应用研究[J]. 华东船舶工业学院学报(自然科学版),2004,18(5): 8 - 13.

[118] 余龙,谭家华. 基于准静定方法的多成分锚泊线优化[J]. 海洋工程,2005,23(1): 69 - 73.

[119] 宋志军,勾莹,滕斌,等. 内孤立波作用下 Spar 平台的运动响应[J]. 海洋学报,2010,32(2): 12 - 19.

[120] 尤云祥,李巍,胡天群,等. 内孤立波中半潜平台动力响应特性[J]. 海洋工程,2012,30(2): 1 - 19.

[121] 尤云祥,李巍,时忠民,等. 海洋内孤立波中张力腿平台的水动力特性[J]. 上海交通大学学报,2010,44(1): 56 - 61.

[122] 黄文昊,林忠义,尤云祥. 内孤立波作用下 Spar 平台动力响应特性[J]. 海洋工程,2015,33(2): 21 - 31.

[123] 黄文昊. 深海浮式结构物内孤立波载荷及其动力响应特性研究[D]. 上海:上海交通大学,2013.

[124] 许忠海. 内孤立波与浮式生产储卸油系统作用特性研究[D]. 上海:上海交通大学,2014.

[125] Walton T S, Polachek H. Calculation of transient motion of submerged cables [J]. Mathematics of Computation, 1960, 14(69): 27 - 46.

[126] Polachek H, Walton T S, Mejia R, et al. Transient motion of an elastic cable immersed in a fluid[J]. Mathematics of Computation, 1963, 17 (81): 60 - 63.

[127] Chai Y T, Varyani K S, Barltrop N D P. Three-dimensional Lump-Mass formulation of a catenary riser with bending, torsion and irregular seabed interaction effect[J]. Ocean Engineering, 2002, 29(12): 1503 - 1525.

[128] Low Y M, Langley R S. A hybrid time/frequency domain approach for efficient coupled analysis of vessel/mooring/riser dynamics [J]. Ocean Engineering, 2008, 35(5 - 6): 433 - 446.

[129] Nakamura M, Koterayama W, Kyozuka Y. Slow drift damping due to drag forces acting on mooring lines[J]. Ocean Engineering, 1991, 18 (4): 283 - 296.

[130] Huang S. Dynamic analysis of three-dimensional marine cables[J]. Ocean Engineering, 1994, 21(6): 587 - 605.

[131] 唐友刚,易丛,张素侠. 深海平台系缆形状和张力分析[J]. 海洋工程,2007,25(2): 9 - 14.

[132] 唐友刚,张若瑜,程楠,等. 集中质量法计算深海系泊冲击张力[J]. 天津大学学报,2009,42(8): 695 - 701.

[133] 王建华,万德成. 南海浮式码头与系泊系统动力耦合分析[J]. 水动力学研究与进展 A 辑,2015,30(2): 180 - 186.

[134] Hall M，Goupee A. Validation of a lumped-mass mooring line model with DeepCwind semisubmersible model test data[J]. Ocean Engineering，2015，104：590 – 603.

[135] 马孟达,尤云祥,张新曙.海洋内孤立波作用下张力腿平台动力响应特性[J].水动力学研究与进展 A 辑,2016,31(2)：135 – 144.

[136] Helfrich K R，Melville W K. Long nonlinear internal waves[J]. Annual Review of Fluid Mechanics，2006，38(1)：395 – 425.

[137] Baker G R，Meiron D I，Orszag S A. Generalized vortex methods for free-surface flow problems[J]. Journal of Fluid Mechanics，1982，123：477 – 501.

[138] Baker G R，Meiron D I，Orszag S A. Generalized vortex methods for free surface flow problems. Ⅱ：Radiating waves[J]. Journal of Scientific Computing，1989，4(3)：237 – 259.

[139] 韩朋,任冰,李雪临,等.基于 VOF 方法的不规则波数值波浪水槽的阻尼消波研究[J].水道港口,2009,30(1)：9 – 13.

[140] 聂孟喜,王旭升,王晓明,等.风、浪、流联合作用下系统系泊力的时域计算方法[J].清华大学学报(自然科学版),2004,44(9)：1214 – 1217.

[141] Chang M H，Lien R C，Tang T. Nonlinear internal wave properties estimated with moored ADCP measurements[J]. Journal of Atmospheric and Oceanic Technology，2011，28(6)：802 – 815.